ちくま新書

カラー新書

日本の花

柳　宗民
Yanagi Munetami

584

日本の花【目次】

花を味わう悦び

プロローグ

†四季を味わう

わが国は、昔に較べると開発によって随分と緑が失われ自然が損われてきた。それでも世界的にみるとまだまだ緑したたる国である。

海外へ出掛け、帰国する時、日本上空へ入り下を見るとそれがよく解る。雨が多く、四季のはっきりした気候がこの緑を育んでいると云えよう。わが国ほど四季がはっきりと区別できる国は少ない。北の北海道から南の沖縄に至るまで緯度差が大きく植物も亜寒帯性のものから亜熱帯性のものまで多種多様で、季節季節に自然の景観を彩る。

このような自然環境の中で、我々大和民族は四季の移り変わりをうまく生かして生活してきた。日本の文化は、四季の文化とも云えよう。特に衣食住にそれがよく表われている。季節によって衣替えをし、四季それぞれに穫れるものを食べ、これが旬《しゅん》という言葉を生み出し、季節を味わった。住居も、夏の高温多湿、冬の寒気にともに適った構造を生み出した。

一方、大和民族は稲作を中心とした農耕民族で植物との付き合い方を半ば本能的に身につけていると云ってよい。そこに植物を愛するという心が生れてきたのは当然だと思う。かの万葉集には数多くの植物の名が登場する。その数なんと一六六種に及ぶという。これだけでも驚きであり、世界中にもこのような例はない。そればかりではない。この中の一首に、植物名だけで詠んだ歌がある。山上憶良の詠んだ〝秋の七草〟の一首がそれである。

萩《はぎ》の花　尾花《をばな》　葛花《くずばな》　瞿麥《なでしこ》の花　女郎花《をみなへし》　亦《また》　藤袴《ふぢばかま》　朝貌《あさがほ》の花（万葉集　巻八）

これすべて植物名で、このような詩や歌は世界中探してもないものと思う。いかに日本人が古より植物を愛していたかがうかがい知れる。

†一千年前のガーデニング・ブーム

近年「ガーデニング」という言葉が流行っている。そして、目下ガーデニング・ブームと云われる。多かれ少なかれ、どこの家庭を覗いても、何らかの植物が飾られている。このガーデニング・ブーム、眼新しいブームに見えるが、何も今に始まったことではなく、私に云わせれば、今日のこのブームは第三次ガーデニング・ブームと云ってよい。三次ならば二次があり一次がある筈だ。調べてみると、その第一次は今より一千年も前に遡ることができる。それ以前から大陸との交流が盛んになるとともに、大陸文化がどっとわが国へ入ってきた。

漢字という文字が伝えられ、仏教という宗教が伝わり、多くの技術が導入されてきた。それとともに数多くの植物が渡来したが、この渡来植物、その後わが国独自の面白い発達をしていく。これら渡来植物の多くは薬用植物として中国からもたらされている。

皇室の紋章にもなり、現在でも全国津々浦々で愛培されている菊は、奈良時代に、不老長寿の薬草として中国より渡来したものであるし、小学校一年生の時に必ず育てさせられる朝顔も、その頃にそのタネを下剤とする薬草として入ってきたものである。平安時代に一世を風靡した梅も漢方で、その果実を蒸し焼きにしたものを烏梅《うめい》と称し薬用に供し、これが梅がわが国へ渡来した始まりと云われる。

ところがこれら唐渡りの薬用植物、いずれもわが国では薬用として利用するより、観賞用植物として著しく発達をしたものが多い。観賞用ではないが、薬草として入ってきたものを野菜にした植物もある。日本人の大好きな牛蒡《ごぼう》がそれで、漢方ではこの種子を解熱剤として用いていたようだが、わが国ではその根を食べるようになり、欠かせない根菜として今日まで続いている。牛蒡がもしわが国へ持ってこられなかったら、永久に薬草としてだけであって食用にはされなかったものと思う。朝顔もわが国へ渡ってこなかったら、観賞用草花としては成り立たなかったのではないだろうか。

大和民族とは不思議な能力を持っている民族だと思う。外来のものを懐深く受け入れ、それをそのまま踏襲するのではなく、必ずと云ってよいほど日本化してしまうことだ。漢字から仮名文字を作り、中国仏教を日本仏教と化すなど、大陸文化を独自の日本文化に変えてゆく。明治以降欧米文化がどっと入ってきて近代国家としての成長を遂げてきた。これがどのように日本化されてゆくかよく解らないが、きっと新しい日本的スタイルに変えてゆくに違いない。

†江戸の花づくり

さて、話をガーデニング・ブームへ戻そう。大陸からいろいろな植物が入り、それとともに、四季それぞれに楽しめるわが国の植物を用いて、平安時代には、これらの植物が庭に植えられ詩歌に詠まれ、今日のそれとは少々趣きを異にするが、ちょっとしたガーデニング・ブームとなったのである。私に云わせれば、これが第一次ガーデニング・ブームであったと云える。

平安時代に発達したガーデニング・ブームも、やがて内戦の続く戦国時代へ入るとかなり廃れたようだが、面白いことに武士の間では、けっこう盆栽作りや菊作りが行われていたらしい。明日の命も知れぬその中にあって花や木を賞でたのは一種のストレス解消法であったかもしれないが、やはり日本人は本質的に植物好きのＤＮＡを持っていたからだろう。

やがて徳川家康が天下人となり江戸時代が幕をあける。第二次ガーデニング・ブームの始まりである。江戸時代の園芸の発達は驚異的で、数多くの植物が品種改良された。品種改良の基礎となる遺伝学などなかった時代に、どうやってこのような多数の園芸品種を改良したのか正に謎と云える。

そればかりではない。欧州での園芸の発達は、奇しくも江戸時代と同時代であったが、欧州でその主体であったのは王侯貴族の人達で、一般庶民はあまり関係がなかったらしい。ところがわが国での発達は、上は将軍から、大名、武士、町人、下はそれこそ長屋の熊さん八っつぁんまで、階級差なしに園芸を楽しんだ、という大きな違いがある。

†園芸ブームはなぜ生じたか

何故、江戸時代にこれほど発達したのかはいろいろな理由が考えられる。第一に、初代将軍家康に始まり、二代目秀忠、三代目家光の三将軍が大の花好きだったことが挙げられる。トップの好みは下へと伝わっていくのだろう、大名の中にも花好きがけっこういたらしい。そのような大名のもとでは家来も花好きにならざるを得ない。そのころ行われていた参勤交代制度も全国に園芸を普及する大きな力となっている。

当時はすべてが江戸中心、園芸の中心も江戸であり、多くの新品種が江戸で誕生した。江戸詰めになった花好き大名がこれを見逃す筈はない。入手するとこれを国元へ送り、更に改良、培養をさせる。こうしてガーデニング・ブームは全国へ拡がったとみてよい。

旗本の長男は家督を継ぐからよいとしても、次男坊、三男坊となると、うまい養子口でもないかぎり一生うだつがあがらない。貧乏であるが学問をしているので、長屋などで子供達に読み書きを教える。中には花好きもいたらしく、長屋の人達を集めて、園芸の講釈をしたこともあるらしい。こうして一般庶民にもガーデニングが伝わっていったようだ。

今日流行の家庭菜園も、貧乏暮しの旗本が屋敷内で自家用の野菜作りをしたのが始まりのようだし、コンテナ・ガーデンなども江戸の下町で、長屋住まいをしていた人達が、庭なし園芸の工夫の一つとして容器栽培を行ったのが始まりである。今でも路地裏園芸として東京の下町ではこの習慣が続けられている。このように庶民の間でもガーデニングが盛んに行われるようになったため、購買層が広く、園芸が充分商売になっていた。

幕末の頃、シーボルトやロバート・フォーチュンなど、わが国を訪れ日本の植物を欧州へ紹介した人々が、日本では植木屋など園芸商売が充分に成り立っていることを驚きの眼で見ている。これは云い換えれば、当時ヨーロッパでは園芸は盛んであったがその中心は上流階級の人達であって一般庶民には拡がっていなかったことになる。したがって購買層が狭いのであまり商売にならなかったらしい。

このように江戸時代の園芸はある意味ではヨーロッパよりも遥かに進んでいたとも云える。

†「花作りは国賊」

江戸時代が終り、鎖国が解けて明治時代になると、どっと欧米文化が入ってくるとともに、新しい植物や技術も数多く入ってきた。その受け入れの中心が新宿御苑であったようで、近代園芸発祥の地と云われている。

隆盛を極めた江戸の園芸も、明治になって江戸の旧弊を排すという風潮から、同時代の改良品種がかなり失われたようだが、一般庶民の間では根強くガーデニングが続けられていた。

太平洋戦争の頃には、「花作りは国賊」とまで云われ、ガーデニングは大きな危機に晒されたが、その火は細々ながらも燃え続けていたのである。江戸園芸の華の一つとも云える変わった花を咲かせる変化咲き朝顔は、種子がならぬものが多く、特殊な親木を確保しなければならない。

太平洋戦争中にほとんど失われたと思われていたが、遺伝学的研究をしておられた故竹中要博士が戦後残存品種を探されたところ、各地の好事家の手によってほとんどの品種が残されていたという。この他の古典園芸植物の多くも愛好者の手によって守られてきたが、これをみても、日本人がいかに園芸好きであったかがうかがい知れよう。

戦後、高度成長期の波に乗って再びガーデニングが盛んとなり今日に至っているが、これが第三次ガーデニング・ブームである。

わが国でガーデニングが栄えた時代を調べてみると、社会的に世の中が安定し、戦乱の少なかったことが背景にある。このような時代には人心も安定し、ゆとりが生れる。この心のゆとりが、花好きの日本人をしてガーデニングに走らせるのだろう。

最近は、ガーデニング・ブームで、町中を歩いていると、家まわりや窓辺に花鉢やプランターを置いて飾る家が多くなった。町中が明るくなるし、往来を行く人々の眼を楽しませてくれる。中には自慢の庭をオープン・ガーデンとして一般に公開している家も増えてきた。

これは以前には考えられなかったことで、一つの進歩とみてよい。ガーデン・コンクールもあちこちで行われ、その審査を頼まれることも多くなった。この審査も年々むずかしくなっている。というのは、エントリーする人達の腕が年毎にあがって、甲乙つけ難いからである。

†花木が季節を演出する庭

昔は、庭造りは素人にはむずかしいと思われ、本職の植木屋さんに頼むことが多かった。この際、一切を植木屋さん任せにすると、まず、定石的な日本庭園風に造り上げる。門際には門かぶりの松、心字型の池を設け、築山を築き石を置き、典型的な日本庭園を造り、全く隙がない。これはこれで良い庭であるが、これをいつまでも良い姿で維持するには毎年の手入れが必要となり、この手入れも結局植木屋さん任せになるし、私達が下手にいじるとぶちこわしになるおそれがある。

最近はそうでもなくなったが、わが国の植木屋さんは正に植木屋さんで、樹には詳しし上手に扱うが、草花の知識が少なく軽視する傾向がある。植木屋さんに手入れをしてもらったら、下に植えてあった草花がめちゃくちゃにされてしまった、ということをよく耳にするのもその為である。

草花だけではなく、意外に花木に対する知識も少ないようだ。花木を毎年よく咲かせるための手入れの一つに剪定がある。ところがこの剪定、時期を間違えたり切り方を間違えると咲かずの木にしてしまう。植木屋さんはプロだからと安心して任せるととんでもないことになりかねない。

花木以外の庭園樹は実に姿形よく整えて、さすがであるが、こと花木になると咲かずの花木にしてしまうことがよくある。その為に、私は、花木の剪定だけは自分で覚えて、良い時期に自分で剪定をしなさいと云う。

また植木屋さんの庭造りは、花木よりも庭園樹主体で、しかも常緑樹を使うことが多い。花木は点景として添えに使い主役ではない。広い庭ではこの方が落ち着いてよいが、近頃のように狭い庭ではどうだろう。常緑樹が多いと日当り風通しが悪くなるし、うっとうしくなってくる。そこで家庭での庭造りは発想を変え、花木主体の庭造りをしてみてはどうだろう。

花木には春夏秋冬いずれの季節にも咲く種類があり、季節感を演出するにはもってこいだ。そこで、四季それぞれに咲く花木を植えてみる。北地以外であれば一年十二カ月、それぞれの月に咲く花木がある。一月のロウバイ、二月のウメ、三月のジンチョウゲなど、花のない月はない。月別に一種、計一二種を植えると、お宅の庭、一年中花が絶えませんヨ、ということになる。こういう考え方は今までの庭造りにはなかったが、やればできることで、花時には狭い庭が明るくなるし、四季感を充分に味わえて楽しくなると思う。お試しあれ。

旬を楽しむ園芸

わが国では、前述のように四季にのっとって生活をし、四季を味わってきたが、最近はどうであろう。住居は密閉型、エアコン付き、戸外へ出ないと暑い寒いが解らない。食生活も季節感のうすれていること甚だしい。冷凍技術の発達により、四季それぞれに獲れる回遊魚なども一年中味わえる。魚偏に春夏秋冬があるのもあまり意味をなさなくなってしまった。促成栽培、抑制栽培、果ては周年栽培と、施設園芸の発達により野菜などは特に季節感が失われてしまった。私などは小さい時、食卓にナス、トマト、キュウリが出ると「ああ、もうじき夏休みだ！」と嬉しかったのを覚えている。

旬という言葉がある。自然に穫れる時期、これが旬であって最高の味覚である。近頃は、この旬という言葉すら影がうすくなってきている。一年を通して安価に味わえるようになったことはたいへん有難いことであるが、反面、四季感がなくなってしまったことは、四季の国に住む日本人にとって寂しいことでもある。

これと同じように、元々四季を楽しむための園芸も、いつが花時なのか解らなくなったものが多い。春花壇の主役であったパンジーは冬花壇の主役に鞍替えをした。梅雨時の代表的花木であるアジサイなど、その鉢植えの販売最盛期は四月である。秋を代表するキクに至っては完全周年栽培で、その切り花は一年を通じて花屋で売られている。このように花物などは本来の花時がいつなのか解らなくなってしまう。品種改良をする方も、何でも早咲き種に改良をしてしまう。

秋の花として知られるキキョウは、今では五月雨桔梗《さみだれききよう》という初夏に咲く早咲き種に改良されてしまった。梅雨時に咲くというので秋の花にもかかわらず五月雨（梅雨のこと）桔梗という考えてみるとおかしな名が付けられている。ハゲイトウは秋空に映えて美しく色づき、詩心をくすぐる秋の季題として知られるが、最近の品種は早生に改良されて真夏の炎天下に色づいてしまう。冷涼地でない限り、真夏の高温下では色が褪せるし、汗ばかりかいて詩心も生れない。

草花それぞれ、旬の時期に咲いてこそ最も美しいし、春の花は春霞によく似合うし、秋の花は秋空によく映える。ガーデニング・ブームによって花壇やプランターの花が美しく飾られるようにはなったが、そこに四季を見出すことが少なくなったのは残念なことだ。

わが国は四季のはっきりした国で、これほど四季を堪能できる国はない。それなのに、何故四季を失わせるようなことをするのか。昔の、四季にのっとった生活が不幸であったかというと、そうではなかった筈である。どうやら、これは人間のあくなき慾望のしからしめた結果、と云えるだろう。

†冬花壇に花は要らない

昔は冬になると咲く花がなくなった。花壇には、その葉が紅白に彩られるハボタンを植えて寂しさをまぎらわせたものだ。

ところが暖冬になったことも加わってパンジーが冬花壇に用いられるようになった。色寂しい庭を飾ってくれるのは有難いが、パンジーはスミレである。スミレは春の花だ。パンジーがもっとも美しいのはサクラの花時である。冬のパンジーは彩りを添えてくれるが本来の美しさではない。パンジーは次々と長く咲き続け、五月いっぱいは咲き続けるが、冬花壇用に植えると、よほど手入れをよくしないと、最も美しい四月にはくたびれてよい花が咲かなくなってしまう。

昔は三月に入ると待ちこがれるようにパンジーを植え、最も美しくなる四月に最盛期を迎えるようにしたものだ。六月に入りいよいよ終りを告げるとその跡へ、夏花壇用草花の苗を植える。今では市販の、花が咲いているポット苗を植えてインスタントに花壇を造ってしまうが、昔は自分でタネ播きをし花が咲く前の苗を植えたものだ。咲くまでにしばし間があるが、それだけに待ち遠しいし咲けば夏の訪れを直接感じさせてくれる。これが順序というものだし本来のやり方だ。

冬花壇には花がなくてよい。寂しくはあるものそれだけに春が待遠しい。そして花咲く春が訪れた時の喜びは何にも替え難い喜びである。周年だらだらと花を咲かせるのもよいが、日本でのガーデニングは、日本の四季を生かして、減《め》り張りを利かせたガーデニングをしてほしいものである。

†もっと自由に!

わが国には四季それぞれに咲く花がかなり多い。外来植物の中にも、すっかりわが国の気候風土に溶け込んで日本の植物然としているものもある。これらの花の共通点は、いずれも日本人の心を魅きつける風情を持っているということだ。艶やかな花は眼を引き、それなりに美しいが、風情豊かな花は心に染み入るし見ていて飽きがこない。

ガーデニング・ブームの今日、もう一度、日本でのガーデニングがどうあるべきかを考えてみる時が来たように思う。イングリッシュ・ガーデンもよいが、その真似ばかりせずに、日本の気候風土にあった、日本人の心をひく、新しい日本のガーデニングを考えてみたいと思う。用いる植物も目新しい種類ばかりでなく、在来から身近にある植物を大いに利用してほしいし、定石にとらわれずに、自由に庭造りをしてみてはどうだろうか。そこに家庭でのガーデニングの本当の楽しさが生れるに違いない。

第一章

春の花

すみれ類

Viola mandshurica

わが家の近くに東京街道という道がある。その街道筋にある住宅の生垣《いけがき》の裾に何年か前からスミレの花が咲くようになった。

「オヤッ、こんな処にスミレが……」

生えている場所からみて故意に植えられたものとも思えない。いつの間にか生えてきたものらしい。それ以後、年々種子を飛ばして殖え続け生垣の裾飾りとなって、通り行く人々の眼を楽しませてくれる。

わが国はスミレの国である。北は北海道から、南は沖縄に至るまで、海岸から高山へかけて様々な処へ住み家を定め、春の訪れとともに可憐な花をひっそりと咲かせる。春に咲く野の花の中でこれほど心引かれる花はない。

古く万葉の時代から今日に至るまで数多くの人達が詩や歌に詠んできたことをみても、いかに愛されてきた花かが窺われる。

スミレの代表種がスミレである。と云うと何か奇妙に思われようが、スミレという名は正しくはスミレ類の中のある種の正式な日本名で、各地の向陽地に広く野生し、濃い紫のいわゆるすみれ色の美花を咲かせる。一般には、スミレというとスミレ類全体の総称として云われることが多いため、総称を指しているのか種名のことなのか解らなくなってしまう。そのため種名を指す場合に、学名のヴィオラ・マンジュリカと呼ぶこともある。植物

和名　スミレ
科名　スミレ科
学名　Viola mandshurica

名とはなかなか厄介なものだ。

スミレの仲間は北半球の亜熱帯から亜寒帯へかけて多くの種類があるが、特にわが国に多く、約五十種前後ほどがあると云われる。南半球でも、オーストラリアやニュージーランドにも数種があり、東オーストラリアに野生するツルスミレは、わが国でも鉢植えにしたものが売られ、時にその花色からパンダスミレという少々ふざけた名で扱われる。

†春のはかない生命

スミレ類には時々香りのよいものがある。有名なのは欧州原産のニオイスミレで英名ではスイート・バイオレットという。このスイート・バイオレット、生れ故郷ではよく香るらしいが、わが国へ持ってくると匂いが薄れてしまうという。気候風土が違うためだろうか。わが国のスミレにも匂う種類が幾つかある。深く細かく切れ込む特有の葉を茂らせ、沢山の白い花を咲かせるヒゴスミレは最もよく匂う。これに近い切れ葉のエイザンスミレもよい匂いを放ち、スミレ類では大きな藤桃色の美しい花を咲かせて人気があるが、ヒゴスミレよりも花数が少ない。名前からして匂いがあることが解るニオイタチツボスミレは、雑木林の下などでよく見掛ける藤色のかわいい花を咲かせ仄かな香りを漂わせる。

スミレ類の花色は紫、藤色、ピンク、白などのほか黄花の種類もあり、黄花種は何故か高山帯を住み家とするものが多い。

　スミレ類の花は構造的に完全な虫媒花（昆虫のなかだちで受粉が行われる花）の構造をもつが、春に咲く花びらを持った花には実を結ぶことが少ない。その代わりに閉鎖花（花をひらかず、つぼみの状態だけで終る花のこと）といって初夏の頃から花びらのない花を作り、よく結実する。花も咲かずにいきなり結実した実莢《みさや》が出てきて驚かされる。果実が熟すると三つに裂けて種子をはじき飛ばす。どのくらいまで飛ぶか調べてみたことがあるが、一メートルくらいは飛び散るようだ。こうして分布をひろめるが、それだけではない。種皮は甘い物質でコーティングされている為、甘党の蟻が種子を持ち運ぶ。以前、庭に植えたエイザンスミレが、家の裏側に生えてきたことがあった。まさか種子が家を飛び越したわけではないし、不思議に思っていたが、たぶん蟻が運んだのだろうことが後になって解った。

　スミレ類は多年草だが、意外に寿命が短く、数年後には老化して絶えてしまう。そこで栽培する時には、一年おきぐらいに種子を播いて後釜を作っておくとよい。

　近年、わが国で交配改良種が出来てスミレも園芸植物化されつつある。花時は春のほんの一時と短いが、スプリング・エフェメラル（春のはかない生命）としていつまでも愛したい花の一つだ。

さくらそう

Primula sieboldii

私の母は明治生れの江戸っ子であった。子供の頃に、お祖父さんが仕立船で隅田川を遡り、浮間ヶ原のサクラソウを観に連れて行ってくれたことをよく話してくれた。

「それは綺麗だったよ。緋の絨緞《じゆうたん》を敷きつめたようだった……」

サクラソウはわが国各地に野生地があるが、中でも有名であったのが浮間ヶ原のサクラソウである。荒川流域の広大な河川敷一面に、春の訪れとともにサクラソウの花が咲き乱れたという。何故このような大群落が出来たのだろうか。これには人間との深い係わりあいがあったようだ。この一帯は葦《あし》の群生地で、近在の農家の人達が冬の農閑期を利用して刈り取り、葦簾《よしず》を作り副業としていたそうだ。刈り取られると河川敷一面に陽光が降りそそぐ。元々この地に野生していたサクラソウは、春の陽をいっぱいに受けて咲き出す。花が終り葦の芽が伸びだすと、やがて葦の葉陰にかくれて全くの日陰となってしまい、夏の炎熱と乾きから身を守る。六月の梅雨時と九月の長雨時には荒川が増水し、溢れた水が葦原に流れ込んでくる。この時、河水に混じる肥えた土砂は、葦の株元に沈澱し、サクラソウの株元を埋めてゆく。この中へ新しい地下茎が伸びて、たっぷりと栄養を吸収して株がふとる、という寸法だ。この二つの理由によって大群生地が出来たのだと云われている。もし葦簾作りをしなかったらこれほどは繁栄しなかっただろう。

ところが、現在では、浮間ヶ原一帯には一株のサクラソウも野生していない。戦後の開

和名 サクラソウ
科名 サクラソウ科
学名 *Primula sieboldii*

発で失われた一面もあるが、大正の大震災後、急速に失われてしまったそうだ。震災で失われた家屋再建の為、壁土の需要が激増し、壁土として良質の浮間ヶ原の土が大量に掘り取られ、それとともにサクラソウが激減してしまったという。哀れ、サクラソウは壁土と化したということになる。

人の手によって繁栄し、人の手によって絶えてしまった、考えてみれば気の毒な植物と云えよう。

†江戸が愛した春の花

幸いというか、園芸の盛んであった江戸時代にサクラソウは観賞用草花として取り上げられ、その後数々の美しい園芸品種が作られて、粧《よそお》いを新たにして私達の眼を楽しませてくれているし、絶えた浮間ヶ原のサクラソウを偲び、北区浮間町にはサクラソウ公園が有志の人達の手によって設けられている。現在、浮間のサクラソウはなくなってしまったが、その上流の田島ヶ原には野生地が残っていて、天然記念物として保護されている。

サクラソウの名は、花の形、花の色が桜に似ているところから付けられたようだが、その花時も桜の花時で、この季節にはあちこちでサクラソウの展覧会が催され観る人で賑わう。この展示の方法が、また、サクラソウ独特の方法で行われる。雛壇を設け、ここへ独特の桜草鉢という鉢で育てられたものを飾り、周囲を葦簾張りにし、上に油障子の屋根を張る。これを桜草花壇と称するが、このような伝統的な飾り方をするのがいかにも日本的である。

サクラソウはわが国各地に野生し、わが国固有のものと思われがちだが、遠く中国東北部からシベリアへかけて分布していて固有種ではない。しかし、園芸化したのはわが国だけであって、最近は海外へも紹介されて、欧米の植物園や公園にも植えられることが多くなった。インターナショナルな宿根草花として今後海外でも広く楽しまれるようになるだろう。

このようにわが国で古く園芸化されたが、その栽培法も独自の方法がとられている。多くは鉢植えとされるが、この植え鉢、厚手で焦げ茶色の釉薬《ゆうやく》のかかったもので、サクラソウの花に実によくマッチしていてこの花を活かしている。これも日本人の美意識の結晶と云えようか。

植え方も独特である。二月に芽分けをしたものを植えるが、半分しか土を入れずに植える。花後六月と九月の二回に分けて空いている上半分に培養土を足す。これを増し土というが、これは浮間ヶ原の野生地からヒントを得たと云われる。鉢植えのほか、庭植えも出来、落葉樹の下草として植えるのもよい。

あやめ

Iris sanguinea

アヤメという言葉はたいへんややこしい。よく梅雨時を飾るハナショウブと混同される。有名な「潮来《いたこ》のアヤメ」という名所があるが、これは「潮来のハナショウブ」であって、アヤメではない。というように、アヤメとハナショウブは同じアヤメ科アヤメ属の植物であるが全くの別種なのである。潮来へ行っても多く植えられているのはハナショウブであってアヤメではない。何故このような混同がおきてしまったのか、花がよく似ていることもあろうが、調べてみるとわけがわからなくなってしまう。

アヤメという言葉は古くは、菖蒲湯に使うサトイモ科のショウブ（白菖）のことであって、いわゆるアヤメは、葉がショウブに似て、花が美しいところからハナアヤメと云われていたという。これがつまって単にアヤメと呼ぶようになったらしい。ショウブにとっては己の看板を盗られるようなものだ。ハナショウブの方は、葉がショウブに似て、花が美しいためにこの名を付けられたものだが、これも花を略して単にショウブと呼ぶ。本物のショウブは二重に看板を盗られたようなものでさぞ恨んでいることだろう。

さて本物のアヤメはわが国各地の山野に野生し、八重桜が咲く頃に紫紺の美しい花を、スリムな草姿の頂きに開き、そのすっきりとした姿が何か清々しい。わが国だけではなくシベリアにまで分布するのでシベリアアヤメと呼ぶこともある。古くから庭植えにして楽しまれてきたが、わが国ではハナショウブのような品種改良はほとんど行われず、草丈の

和名 アヤメ
科名 アヤメ科
学名 *Iris sanguinea*

高い五寸アヤメ、丈の低い三寸アヤメのほか、花の色も紫紺のほか白花のものや紅紫色のものがあるていどでハナショウブのような多彩な品種改良が何故行われなかったのか、ちょっと不思議なことだ。

ところが、これがアメリカに渡り大輪咲きのもの、花色も藤青色のものやワイン・カラーのものなど多彩に改良された。これがわが国にも入ってきているが、西洋人好みに改良され華やかではあるが、風情に欠ける。

†花期を継ぐアヤメ三兄弟

アヤメの仲間には多くの種類があるが、アヤメによく似たものに朝鮮半島原産のカマヤマアヤメというのがある。カマヤマとは何の意味かというと、韓国の釜山《プサン》のことで、釜山を訓読みしたということだ。わが国のアヤメよりやや大輪で花色も濃く、草丈も高いので庭植えをするとよく目立つ。

わが国原産のものには、中国地方、四国、九州に点在して野生する小型のタレユエソウ（誰故草）という優雅な名前を付けられたものがある。愛媛県の腰折《こしおれ》山のものが有名で、エヒメアヤメの別名をもち、同県の県花にもなっているが、その野生は少なく保護植物とされている。

近頃、園芸店などで「寒咲きアヤメ」というのが時折売られている。これはアヤメの早咲き種ではなく、地中海沿岸地方生れのアヤメとは別種のイリス・ウイングイラリスという種類で二〜三月頃、うす紫の花を咲かせ、ときにピンクや白花のものもある。葉は硬目の濃緑色で草丈は四〇センチメートルぐらいでアヤメの仲間では小柄の方だ。寒さにやや弱く温暖地でないと育てにくい。

水郷の地、潮来のアヤメということから、アヤメも湿地を好むと思っている人が多いが、実は反対で、野生のものは水はけのよい向陽地に生えていることが多い。日当りのよい山の斜面や、土手などでよく見掛けることを考えてもこのことがよく解る。カキツバタやハナショウブは水気を好むが、これと同じだと考えて育てると失敗しやすい。

園芸相談などで、アヤメを植えたが葉ばかり茂って花がつかない、ということをよく聞かれる。「どんな処に植えましたか?」と聞くと、このようなケースでは、殆どの人が裏庭などの陽の当らない処へ植えている。日陰地の方が乾かないから、というのがその理由のようだが、アヤメ自体、日当り大好きの植物で、しかもかなり乾きにも強いので、とにかく日当りのよい処へ植えることがよく花を咲かせるコツだ。

アヤメが咲き終ると継いでカキツバタが咲き、六月に入るとハナショウブとなってアヤメ三兄弟の最後をしめくくる。

いちはつ

Iris tectorum

私が世話になっているお寺に薬師堂がある。四十年ほど前にここへ越してきた頃には、薬師堂の屋根は茅葺き屋根であった。この屋根の上に一株のイチハツが生えていて、春にはうす紫の上品な花を咲かせていた。

イチハツは中国原産のアヤメ属の一種で、わが国へはかなり古くに渡ってきたようだ。庭植えとして楽しまれたほか、藁屋根の上へ植える習慣がある。何でも大風除けのおまじないだという。旺盛に地下茎を張って藁屋根の崩れを防ぐ、ということかららしい。これも昔人の一つの知恵と云えようか。

イチハツという名は一初の意で、アヤメ類の中で最初に咲くことからと云われるがこれは定かではないようだ。花屋ではその語呂から、「一八」と書くことが多い。葉幅が広く淡緑色の薄手の葉を茂らせ優美な藤紫色の花を平開して咲く姿には優しい風情がある。その為か、昔から茶花としても用いられてきた。ときに白花のものや、斑《ふ》入り葉のものもある。

ところが、世間一般では、イチハツとは、地中海地方生れのアヤメ属の一種、イリス・フロレンティナ（においあやめ）とされていることが多い。これは、昨今流行のジャーマン・アイリスの原種の一つで、白い花を咲かせ、花の形も、イチハツが平開するのに対して、内側の花びらが大きく立ち上がりタテ形の花姿で、本物のイチハツとは全く違うし、

和名 イチハツ
科名 アヤメ科
学名 *Iris tectorum*

葉幅は同様に広いが革質で白緑色でこれまたかなり異なる。

以前、どこかの活け花の展覧会を見に行った時のこと、茶花のセクションに、この偽イチハツがイチハツとして活けられていた。本物のイチハツであれば風情があって茶室によく似合うが、偽イチハツではバタ臭くて茶室に合うとは思えない。活けた人は茶室に合うか合わぬかよりも、イチハツは茶花と信じ、その名前だけで偽イチハツを疑うことなく用いてしまったのだろう。

何故このような間違いがおきてしまったのだろう。誰が間違えたかは今になっては解らないが、看板を奪われた本物イチハツはさぞ恨んでいるに違いない。近頃はイリス・フロレンティナだけでなく、このグループの改良種であるジャーマン・アイリスのこともイチハツで扱われていることがある。園芸市場でも出荷されたジャーマン・アイリスをイチハツの名で扱っている。本物のイチハツが出荷されたら何と呼ぶのだろう……。

†鉢植えも人気

イチハツの外側の花びらのつけ根を見ると鶏のトサカのような白い襞《ひだ》がある。偽イチハツは襞ではなく、細かい髭状の毛が生えていてこの部分も全然違う。この襞を持つことがイチハツグループの特徴で、この仲間にはよく知られた種類にシャガとヒメシャガがある。

シャガは各地の森林下に群生して野生する日陰性のアヤメで、艶やかな常緑葉を地面を覆うように茂らせる。初夏の頃、藤色で黄橙色の襞をもつ、優しい感じの小振りな花を茎上に数輪咲かせ、日陰の庭などにもよく植えられている。

中国にも野生し、わが国のものは古く中国より渡来し、野生化したという説もある。ヒメシャガはわが国の山地の崖地などに生える小型のアヤメで、葉は薄手で細く、シャガの花を小さくしたような花を咲かせて愛らしい。うす紫のほか白花のものもあり、山草として鉢植えで楽しまれることが多い。

シャガやヒメシャガは日陰の湿っぽい処を好むが、イチハツは反対に陽の当る水はけのよい処が適していて乾きにも強い。藁屋根の上でもよく育つほどだ。この点だけは偽イチハツも同様で、ジャーマン・アイリスを育てるには水はけをよくすることがポイントとされる。

イチハツは、アヤメ類の中では非常に丈夫で育てやすい。日当りよく水はけのよい処へ植えれば、特に手入れもせず放っておいてもよく育ち、数年後には大株に育って沢山の花を咲かせてくれる。アヤメ類は地下茎によって殖え、花後掘り上げ、この地下茎を分けて殖やす。分けたものを植える時、葉を半分ほど切りつめて植えた方が根づきがよい。肥料は花後化成肥料を追肥するとよいが、よほどの瘠地でない限り施さずともよく育つ。

かたくり

Erythronium japonicum

春早く、他の花々が咲き出すのに魁《さきが》けて、山肌をうす紅色のカーペットを敷きつめたように咲くカタクリの花を見る時、誰もが感嘆の声を放つ。早春の山野の花の中で、最も魅力的な花であるのがこのカタクリの花だ。

各地の落葉樹林下に群生して昔はそれほど珍しい花ではなかったが、採られたり、開発などによって絶滅した処も多く、幻の花扱いにされてしまっているが、日本海側の地方には未だに多く野生し、雪解けと共に咲き出す。古くはカタカコと云われ、万葉集にも登場することからみても昔から親しまれていた花のようだ。

花を賞でるだけではなく、その球根から採れる澱粉は片栗粉として食用にされてきた。ただし、現代市販されている片栗粉はジャガイモの澱粉で本物ではない。実際に、本物のカタクリから大量の片栗粉を作ろうとすれば、大量の球根を掘り取らねばならず、深くにもぐっている小さな球根を掘るだけでも一仕事、いくら昔は各地に群生していたとしても大量生産するのはちょっと無理だろう。

そこで考え出されたのが同質の澱粉をもつジャガイモの澱粉を代用することであったらしい。これならば大量生産は可能だし、安価に扱える。ジャガイモを代用したといっても、その名は本物の片栗粉の名を踏襲したというわけだ。現代だと偽りの名だと騒がれそうだが、騒がれもせず認知されているのが面白い。

和名　カタクリ
科名　ユリ科
学名　Erythronium japonicum

カタクリの花は花茎の先端に一輪、うつむいて咲く。そのために他の花のように平開しても花びらのくすんだ色の裏面しか見えない。そこで、その美しい花の色を目立たせる為だろうか、花びらは開くとともにつけ根が反転して表面の美しい色を顕《あらわ》にする。「ここに咲いているゾ！」というわけだ。花も美しいが葉もなかなか味わいがある。幅の広い楕円形の葉をひろげ、灰緑色に紫斑があって、花が咲く株は二枚左右につくが、一枚葉のものは花がつかない。

†意外と簡単に育てられる

球根植物で、地下深くに長い紡錘形の球根があるが、球根では殖え難く、その繁殖は、もっぱら花後稔《みの》るタネによって殖えるが、タネが芽を出してから花がつくまでは五年以上の長い年月がかかる。群生するには気の遠くなるほどの年月がかかるということになる。このような植物は乱穫などによって激減すると、元通り復原するのがむずかしい。幻の花となりつつある処が増えているのも肯《うなず》ける。

カタクリの仲間はわが国だけでなく、北半球の温帯域に広く分布していて、特に北アメリカには紫紅色花のもののほか、黄花種や白花種もある。以前、シャトルの奥に聳《そび》える四〇〇〇メートル級のレイニア山へ出掛けたおり、山の斜面一面に咲く白花種の群落を見た時の感激は今でも忘れられない。ここには黄花種の群落もあり、この黄花種はグレイシャー・リリーと呼ばれ、アラスカにまで分布し、名が示すように氷河の周辺に多いという。

カタクリは育ててみると思ったより育てやすい花だ。中学生の頃、その当時は武蔵野の雑木林の下などにもかなり野生していて、特に北多摩の清瀬には多く、友人に教わって見に行ったことがある。数株を持ち帰り庭の半日陰の樹下へ植えておいたところ、毎年のように出てきては咲いてくれた。

ただし、幾つかの条件がある。野生地を見ると多く落葉樹林下で、水はけのよい処に多く、夏には完全な日陰となる。掘ってみると、その球根は意外に深い処にあり、植える時にも深く植えた方がよい。観察してみると、花立ちは隔年のようで、咲いた翌年は葉一枚だけを出して花が出ずに休むことが多いようだ。

地植えの方が手がかからないが鉢で育てる場合には底の深い腰高鉢に深目に植え、日陰に置くようにする。出てきた葉は五月に入ると枯れて意外に早く休眠に入る。鉢植えは乾きやすく、水やりを忘れることができないが、特に葉がなくなってしまう夏の間、存在感がなくなり、つい水やりを忘れやすい。この間も乾き始めたらすぐに水をやることが大切だ。

しらん

Bletilla striata

　戦争中から戦後へかけて、栃木県の農事試験場の佐野分場に勤めていた頃、植物好きの友人とよく近くの山へ植物採集に出掛けた。戦後のある日、近くの岩舟山へ出掛けたことがある。ここは面白い植物がいろいろとあるので知られていた処だが、岩舟駅の北側の斜面に、紫紅色の花がたくさん咲いている。何の花かと早速行ってみると、野生のシランの群落であった。私が野生のシランを見た初めてのことである。

　わが国にはラン類の野生種が大変に多い。中でもシュンランやエビネ、フウラン、セッコクは東洋蘭の一員として園芸化されて人気が高く、高級品扱いされることが多いが、日本の野生ランの中で、紫紅色のその花がもっとも目立ち美しいのがこのシランであろう。

　他のランは高級品扱いされるが、シランだけはポピュラーな宿根草花として庭植えや切り花にされて楽しまれてきた。性質が強く庭植えでよく育つためだろうか。宿根草として扱われるが、元来は球根植物で地下に扁球状の球根があり、その球根は白及根《はくきゆうこん》と称し薬用に使われるほか、含まれる澱粉を糊としても用いられてきた。

シランとは紫蘭の意で、その花色が紫色であることから付けられた名というが、一名ベニランともいう。これは紅蘭ということで、花色が紅色であるからということらしいが、サテ、この花は紫なのか紅なのか？　実はその中間の紫紅色なのである。この色合いのものは人によって紫と見たり、赤と見たりするらしく、このような両名が付けられてしまっ

和名　シラン
科名　ラン科
学名　*Bletilla striata*

たらしい。シランの方では、「そんなことワシャ知らん」と云うかもしれない。

シランは一般には紫紅色の花を咲かせるが、ときに白花種もある。この白花種は、多くは純白というよりも僅かにうす紅色がかるが、稀に純白色のものもあり、これは珍しい。岩舟山で群生を見たおりに、一株だけ純白花のものがあった。その頃は「ヘェ、白花のものもあるのだ」ぐらいで見過ごしてしまったが、今思うと、採っておけばよかったのにとちょっと惜しい気もする。白花種には下弁がピンクに色づく口紅シランというのもあって、これは近年あちこちで市販されている。このほか、葉の縁が白く彩られる斑入り葉シランというのもあり、この白花種は発売当初はかなり高価に扱われていたが、今では殖やされて安く入手できるようになった。

†欧米で人気の「ジャパニーズ・ガーデン」

シランは中国では白及と称し、黄花種もあって輸入されたものが市販されるようになったが、まだ珍品の域を出ていない。

近縁のグループにスパトグロッティス属というのがあり、東南アジアからオーストラリア北部へかけて幾つかの種類がある。台湾の紅島嶼の名がつけられたコウトウシランのほかハワイなどに野生化しているフィリピン・オーキッドと称するのもこの仲間である。中でもオーストラリア北部に野生するプリカタ種は鮮やかな紫紅色でシランに負けずおとらず美しい。ただし、これらのものは熱帯生れのランである為に、わが国では冬の寒さで枯れてしまうので庭植えというわけにはゆかない。

シランの野生のものは低山帯の日当りのよい草原などに群生し、栽培にあたっても日当りのよい方がよく育ちよく花をつけるが、意外に、日当りの悪い処でも育って花を咲かせる。このような処で育てるとやや間伸びをするが、その紫紅色の花がうす暗い処で意外に映えて美しい。近頃の住宅の庭など日当りの悪い場所にもむいた宿根草花といえる。

このシラン、昔は日本のランとして、その球根が大量に輸出されていたことがある。近頃、イングリッシュ・ガーデンというのが流行っているが、欧米ではジャパニーズ・ガーデン大流行である。感心させられるのは、日本の植物が多く植えられていて、その中で草花としてよく植えられているのがこのシランで、往時その球根が輸出されていた為だろう。このほか、わが国ではあまり庭園用として植えられていない前述のサクラソウやその仲間のわが国特産であるクリンソウ、近年ではハナショウブの姿もよく見掛けるようになった。日本の花が海外でも楽しまれていることは嬉しいことである。

じんちょうげ

Daphne odora

梅の花盛りが過ぎる頃、町中を歩いていると、どこからともなく漂ってくる甘酸っぱい香り。ああ、ジンチョウゲが咲き出したナ、と思う。そして、いよいよ春がやってきたことを知らされる。モクセイの香りに秋の訪れを知り、ジンチョウゲの香りに春到来を知る。香りのよい常緑花木の代表がこの二種といえよう。

ジンチョウゲは元々南中国原産の常緑低木で、わが国へは十五世紀末、室町時代に中国より、根を薬用とする薬用植物としてもたらされたものという。ジンチョウゲには雄の木と雌の木があり、この時入ってきたのは雄の木であったらしく、その後植えられるジンチョウゲはほとんど雄の木ばかりで、いくら花が咲いても実がならないのはその為だ。

中国では瑞香といい、お芽出たい木として扱われている。また睡香と呼ばれるが、これは昔、一人の僧が昼寝をしていたところ、夢の中でどこからともなくよい香りがしてきて、眼醒めてからその香りを頼りに探し廻って見つけたのがジンチョウゲだったからだという。

ジンチョウゲは漢字で書くと沈丁花で、これはその香りを、名香である沈香と丁字の香りにたとえた名だそうで、これは日本で付けられた名前であり、いわゆる漢名ではない。

このグループの属名を学名でダフネ属といい、わが国にもよく似た香りのよい白花を咲かせるコショウノキや、風変わりな性質があり他の落葉樹とは反対に秋に葉を出し、翌年夏に葉を落とすオニシバリというのもある。夏落葉すると枝だけになるためナツボウズと

和名 ジンチョウゲ
科名 ジンチョウゲ科
学名 *Daphne odora*

もいう。ダフネという属名はラテン名で、月桂樹のことである他、ギリシャ神話に登場する女神の名でもある。外国にも、このダフネ属の植物が何種もあり、ヨーロッパ・アルプスを歩くとよく見掛けるのが桃赤色花を咲かせるメゼレウム種で、花は美しいがジンチョウゲのように丸く茂らず、細枝を伸ばして茂り、葉腋《ようえき》に花をつけ、香りがないために園芸的には扱われていない。同じくアルプス地帯に野生するジンチョウゲ型でピンクの花を咲かせるクネオルム種は他種と交配されていろいろな園芸品種があるが、わが国ではジンチョウゲが普及しているためにあまり植えられていない。ダフネの名で売られているものがあれば、この洋種の園芸種とみてよい。

ダフネ属のものにはこれらの他、中国原産で十八世紀に渡来したフジモドキというのが、春になるとチョウジザクラの名で鉢立てのものとしてよく売られている。落葉性で葉の出る前に藤桃色の、花筒の長いチョウジに似た花を咲かせ、サクラの花を思わせるのでこの名があるが、もちろんサクラの仲間ではない。本名フジモドキも、その花色と花姿によるもので、モドキであるから、もちろんフジの仲間でもない。

†育成は容易だが移植には要注意

ジンチョウゲはふつうは、うすいピンクの花を咲かせるが、白花種や、表が白、裏がうす紅色となるウスイロジンチョウゲ、斑入り葉フクリンジンチョウゲなど幾つかの品種があり、性質はどれも同じで普通のジンチョウゲ同様に扱ってかまわない。

ジンチョウゲは寒地での庭植えはむずかしいが、それ以外の地域では育てやすく、放っておいても形よく丸く繁り剪定の必要もない。ただし、植えつけて三年以上経た木は移植すると枯れやすいのが大きな欠点だ。引越しをする時、長年楽しんだジンチョウゲを引越し先に移植したいと思っても、これはまず無理な話で、愛着がある木ならば、引越しをする前に、挿し木をして苗を作り、これを持って行って植えて育てるより方法がない。

長年植えてあったジンチョウゲが突然葉をふるって枯れてしまうことがよくある。これは白紋羽病菌《しろもんぱ》という厄介な病菌のなせる仕業で、根にとりつき、白い菌糸をからみつかせて根を枯らしてしまう。急に葉を落とした時には、ほとんど根全体がやられていて、こうなっては助けようがない。殺菌剤で菌を殺すことができるが、なにしろ土中深くまで菌がいるのでちょっとやそこら薬を撒いてもあまり効果がない。枯れ株はすぐに掘り取って処分しないと周囲に植わっている木にもうつるおそれがあるし、跡地へ再び植えるとまたすぐにかかってしまう。水はけのよい土地よりも陰湿な庭に出やすく、古い庭では注意した方がよい。なんとも厄介な病気である。

つばき

Camellia japonica

伊豆大島はツバキの名所で全島これ野生種のヤマツバキに覆われていると云ってもよいほどだ。冬から春へかけて多くの人達がこのツバキを観に訪れる。船で行き大島が近づくとツバキの緑に覆われた島が見えてくる。時にその緑が輝いているように見えることがある。ツバキの葉は幅広の革質な葉で濃緑色だが表面に艶《つや》がある。この艶が遠眼に輝いて見えるのだ。艶のある葉、艶葉……。これがつまってツバキと名が付けられたという。

ツバキは漢字で椿と書く。春に咲く木だから木偏に春としたのだが、これはわが国で作られた国字で漢字ではない。ところが椿という字は漢字にもあって、全く別種のチャンチン（香椿）という芽出しの美しい落葉樹のことを指す。中国人に椿と書いたらツバキではなくチャンチンのことと思ってしまう。椿の中国読みはチンという。

東京の目白に椿山荘という有名なホテルがある。そしてチンザンソウと読む。ところでチンならばチャンチンが植わっているからかというと、多く植えられているのはツバキであってチャンチンではない。となるとチンザンソウというのはおかしな話で、椿をツバキとするならばツバキヤマソウと云うのが正しい筈だ。わが国では、どうも椿の字が、国字の椿と漢字の椿が混同されていて困ったものである。因みに中国ではツバキのことを山茶という。

和名 ツバキ
科名 ツバキ科
学名 *Camellia japonica*

†古くから愛されてきた花木

ツバキは古くから観賞用として庭園に植えられ、園芸品種がすこぶる多い。その多くはわが国の温暖な海岸地帯に多く野生するヤマツバキ（一名ヤブツバキ）から改良されたと云われる。このヤマツバキは、主に黒潮の流れる太平洋沿岸地に多いが、日本海沿岸や北は青森県の夏泊半島が北限とされている。日本海には黒潮の分流である対馬暖流が流れていて沿岸地域は比較的温暖なためヤブツバキが居着いたらしい。このヤブツバキの他、ツバキ属にはわが国に野生するものが三種ほどある。北陸地方の山間豪雪地帯が住いのユキツバキ、四国九州が生れ故郷のサザンカと、琉球列島のヒメサザンカの三種がそれである。この中のユキツバキは以前はヤマツバキと同種とされていたが、その後の研究で雄蕊《おしべ》の形態などが異なるところから別種とされたものである。積雪地に野生するところからユキツバキと名付けられたが、豪雪に耐えられるよう枝は柔軟で折れないように進化している。ヤマツバキとの自然雑種と思われるものがかなりあり、花色や花型に変化があって北陸地方の農家などに植えられていたものの中から優れたものに品種名がつけられユキバタツバキという名で売り出されたことがある。私も以前、数品種を手に入れて植えたことがあるが、雪国のツバキであるから寒さには強いと思っていたら、冬の間に傷みがひどく枯れてしまうことが多かった。

ハテ、何故だろうとしばらく解らなかったが、そのうちに理由が解った。冬の間、現地では雪に埋ってしまうため充分湿気を保つことができる。ところが、東京のように冬期、雪があまり降らず、乾燥して冷たい季節風に晒される太平洋側地域では湿気を保つことができない。乾きに対する抵抗力がないユキツバキにとっては最悪の環境となってしまう。一時はユキツバキ・ブームが起きかけたが、その後すっかり下火になってしまったのはこの為だろう。植物を栽培する時、原生地の環境をよく知って栽培しなければならぬことを教えられた次第だ。

ツバキは古くから花木として親しまれてきた為に数多くの園芸品種があり、その多くはヤマツバキ起源であるが、侘助《わびすけ》ツバキのように起源が判然としないものもあるし、ヤマツバキは茶筅蕊《ちゃせんしべ》といって雄蕊の束の中半分から下が筒状になるが、雄蕊が基部から一本一本放射状にひろがる梅蕊型のものもある。その分類はかなり厄介だ。

花色は、赤、ピンク、白、黒紅などそれほど多くないが、近年南中国からベトナムへかけて野生する金花茶などの黄花種がもたらされて、これとの交配により黄花品種も生れているし、アメリカやニュージーランドなどでも盛んに改良され華やかな品種が数多く登場していて、今後ますます多彩な花木となるだろう。

さくら

Prunus × yedoensis

三月に入り、彼岸になると、そろそろサクラの花便りを耳にするようになる。そうなるとなんとなく心浮き浮きとするのは私だけであろうか。

サクラの種類は数多いが、わが国には北は北海道のチシマザクラやオオヤマザクラから南は沖縄のヒカンザクラまで各地にいろいろなサクラがあって、日本列島、春になると、どこへ行ってもサクラの花が山や野を、また、町中を飾る。

農耕民族であった日本人はサクラの花に深い係わりあいを持つ。熱帯植物であるイネは、サクラの花時から稲作がスタートする時期となるし、その咲き方や花保ちによって豊凶を占ったと云われ、稲作とサクラには切れぬ縁があるわけだ。日本人がサクラの花を見ると心ときめくのも当然だろう。また、爛漫《らんまん》と咲き、花吹雪となって散る姿に云われぬ風情を感じるのも日本人ならではであろうか。

平安時代の一時、ウメに流行を奪われたがその後すぐに復活をし、室町時代には二十余の園芸品種ができていたという。この中の普賢堂《ふげんどう》という品種は今日なお普賢象《ふげんぞう》の名で残っ

和名 サクラ
科名 バラ科
学名 Prunus × yedoensis

ている。これほど長く受け継がれてきた園芸品種も珍しい。戦国時代には戦乱によって数々の名桜は失われたらしいが、豊臣秀吉の醍醐の花見以後再び復活し、江戸時代になると多くの園芸品種が生れて全盛期を迎える。現在植えられ楽しまれている品種の多くはこの時代に生れた品種で、最も普及している染井吉野も江戸時代末期に江戸染井村の植木屋で生れたものだ。そしてその後は染井吉野をもってサクラの代表とされるようになった。桜前線の予報も各地の染井吉野によって行われている。

今、サクラというと染井吉野、ということになるが、それ以外にも新葉とともに咲く吉野の桜で有名なヤマザクラ、可憐な花を咲かせるマメザクラ、伊豆地方に多く、その葉を桜餅に用いるオオシマザクラ、古木が多く、しだれ桜も含まれるエドヒガンなど、いずれにも多くの園芸品種があり、一重咲き八重咲きのほか御衣黄《ぎょいこう》や鬱金《うこん》のような黄緑色の花を咲かせる品種、秋と春の二回に分けて咲く十月桜や、十二月と春とに分けて咲く冬桜など、全体では四〇〇種以上の園芸品種があるようだ。

この他、沖縄を代表とするヒカンザクラ（カンヒザクラともいう）はわが国で最も早く咲く桜で一〜二月が花見時となる。サクラの開花前線というと南から北へと移って行くが、このヒカンザクラは奄美大島から咲き始め、南へと咲き下ってくる。

サクラはその花を賞《め》でるだけでなく、その樹皮は磨かれて樺細工《かばざいく》という工芸品になり、また薬用にもされる。材は焼いて桜炭を作り、八重桜の花は桜茶として祝い事に使われ、オオシマザクラの葉は桜餅の包み葉として用いられるなど多面的に利用されてきた。

サクラの花時となると、待ってましたとばかりお花見が行われる。桜の木の下に敷き物を敷き車座となって酒宴が始まる。この時ばかりは正に無礼講で、時に顰蹙を買うこともあるが、一年に一度の楽しみである。これは大目に見てやらねばなるまい。なにしろ、サクラとともに汗してきた民族であるのだから。

サクラの語源については諸説あって定かでない。「咲くうららか」がつまってサクラになったとか、稲の精霊を意味するサと、神座《かみくら》のクが結びついてサクラとなったという説などいろいろとあるが、情緒的には咲くうららか説に軍配を挙げたいような気もする。

サクラは枝が横へひろがるため、庭が狭くなった昨今、家庭むきの花木とは云い難い。しかし庭に植えなくとも、花時には一歩出れば至るところにサクラが咲き、どこでもお花見ができる。春の日に、家に閉じ籠ることなく、外へ出て爛漫と咲くサクラを楽しむとよい。各地にあるサクラの名所を訪ねて思う存分、サクラの花を楽しむのもよいだろう。

サクラは花時が最も美しいだろうが、花吹雪となって散る姿にも風情があるし、花後ひろがる新葉の葉桜もまた捨て難い。神が日本人に与え給うた花、それがサクラである。

つつじ類

Rhododendron

種類が多く早春から初夏まで次々と咲く花木というとツツジ類以外にはちょっと考えられない。ツツジの語源が続き咲きからという説があるが、肯けるような気もする。

わが国にはツツジの種類が大変に多い。北海道から沖縄までそれぞれ固有の種類があって季節季節に山を彩る。日本が世界に誇る花木と云ってもよいだろう。

まだ木々が芽吹く前に、枯れ木に花を咲かせたように咲くミツバツツジやアカヤシオ、初夏の高原を彩るレンゲツツジ、これらは冬に葉を落とす落葉性ツツジだが、常緑性種もいろいろとある。九州の高山帯に群生するミヤマキリシマ、中部以西の山間渓谷の岩上に野生するサツキツツジ、沖縄に多いケラマツツジなどその種類は枚挙に遑《いとま》がない。

このように種類が多くいずれも花が美しい為に古くから庭に植えられ、数多くの園芸品種が生れた。キリシマツツジは鹿児島県の霧島地方に野生するヤマツツジから江戸時代に改良されたものだが、面白いことに、発達をしたのは霧島ではなく江戸に於いてであることだ。小輪であるが鮮やかな紅色の花を群開し、花盛りには眼の醒めるような美しさとなる。江戸でブームが起こり、大久保のツツジとして知られたのもこのキリシマツツジで、今でも花時になると大株の鉢植えが大久保駅に飾られる。このキリシマツツジは切り花にも適している為、東京近郊の田無（現在の西東京市）では畑の風除けを兼ねて植え、花時には切り花として出荷されていた。その為に田無霧という品種まで生まれ、この近在の市に

和名　ツツジ
科名　ツツジ科
学名　Rhododendron

はツツジを市の花にしていることが多い。

最も園芸品種が多いのがキリシマツツジとサタツツジを用いて天保年間（一八三〇〜四四）に久留米藩士の坂本元蔵《さかもともとぞう》という武士によって改良されたクルメツツジで、七〇〇余の品種が作られていたと云う。木はコンパクトに茂り、株を覆うように花をつけ、花の色も多彩で庭園用として最も多く植えられている。海外でも、クルメ・アザレアとして人気が高い。愛好者が多いのはサツキツツジだろう。庭植えのほか盆栽仕立てに適し、各地でサツキ展が催されて賑わう。

†ツツジとサツキの違い

よく、「ツツジとサツキとはどう違うか？」と聞かれる。これは少々難問で、サツキという種類はあるがツツジという種類はない。おそらく、クルメツツジとサツキがどう違うのか、ということらしい。どちらもコンパクトに茂り葉も小さい常緑葉でよく似ている。誰が見てもはっきり判る相違点は花時だ。クルメツツジは八重桜が咲く頃に満開となるが、サツキはツツジ類の殿《しんがり》を受けて六月が花時となる。旧暦五月に咲くのでサツキというわけだ。もっとも近頃は、促成栽培されて新暦五月に鉢仕立てのものが出廻ることが多い。

サツキで驚いたことがある。ニュージーランドへ旅したおり、北島の温泉地ロトルアへ行った時のことだ。ロトルア湖畔にある公園にはバラ園やツバキ園などのほか、花壇にも草花類が美しく咲き散策をするのによい処だが、公園の中央にある大きな株になにか花が咲いている。遠目に、シャクナゲかと思ってそばへ行ってみると、何とそれはサツキであった。樹高は三メートル近く一株で優に三畳敷き以上もある。こんなサツキの巨木はわが国でも見たことがない。ニュージーランドは気候が良いために木の育ちがよいので、このような大株に育ったのだろう。正に驚きであった。

これらのほか、園芸化されたものには、江戸時代に九州の平戸地方で、沖縄のケラマツツジ、四国・九州産のキシツツジやモチツツジなどの自然交雑（自然の状態で異なる種の授粉が行われること）によって生れた大輪で大株になるヒラドツツジにも数百の品種がある。

高原に多い大輪の落葉性ツツジであるレンゲツツジは、野生地によって花の色の変異が多く、九州には黄花が多いが北へ行くほど樺色、ピンク、赤と変化する。これを基に英国で他種との交配によって派手な花色に変身をしたエクスバリー・アザレアというのもあるが、レンゲツツジほど風情がない。

ツツジ類は酸性土が大好きな植物であるため、アルカリ性の石灰や草木灰を撒くと育ちが悪くなる。また、花後伸びる新芽の頂部に七～八月に花芽を作る為、七月以降刈り込むと花がつかなくなってしまうので、刈り込みは花後すぐに行うようにしたい。

ぼけ

Chaenomeles speciosa

春の訪れとともに玉川上水辺りにはアマナ、スミレなどいろいろな早春の花が咲き出す。それに混じって樺色《かば》がかった赤い花が彩りを添える。クサボケの花だ。各地の山野に広く分布していて、ときに群落を作ることもある。枝が地を這いながらひろがり、クサボケの名のように草が茂っているように見えるが、れっきとした樹木で草ではない。

昔の人がこの愛らしき花を見逃すはずがない。古くから園芸植物として取り上げられて幾つかの園芸品種が作られた。盆栽として親しまれている「長寿梅」というのはこのクサボケの園芸品種で、濃紅色や白色のもの、八重咲き種もあって、いずれも小さく可憐な花を咲かせる。

長寿梅はわが国でクサボケから生れたものだが、一般にボケと云われるものの来歴は少々複雑である。

ボケの仲間は、わが国にはクサボケ一種のみだが、中国にはボケ（カラボケ）、ヨドボケ（チョウシュンボケ）、マボケなどいろいろな種類があって、これらが古く渡来し、江戸

和名　ボケ
科名　バラ科
学名　Chaenomeles speciosa

時代から盛んに改良、栽培されるようになったと云われる。その中心になったのがボケであるが、他種との交雑が行われて現在の園芸品種には、これらの混血児が多い。この中で、江戸時代に生れた「東洋錦」という品種は、未だに名花として人気が高い。一株に、赤花と白花が咲き分け、この紅白がほどよく咲き分けたものはボケの展覧会では頂点を極める。ただしこの東洋錦、ほどよく咲き分けることが少なく、紅、白どちらかに片寄ってしまう。なるが故にうまく咲き分けた時には宝くじに当ったように喜ばれる。

東洋錦があまりにも有名だが、他にも素晴らしい品種が数多くあり、最近は欧米で改良された大輪で派手な花を咲かせる品種まであって、品種のコレクションをしてみるのも面白い。よく知られたボケの品種にカンボケというのがある。緋色の花を咲かせるのでヒボケともいう。カンボケの名は寒中に咲く、という意味だが、よほどの暖地でないと寒中には咲かない。ただし温室で促成栽培をすると容易に寒中に咲き出すのでこの名を得たようだ。

ボケは「木瓜」と書き、モッカが転じてボケと呼ばれるようになったという説があるが、木瓜とは中国では同属のカリンに近い種類を、時にはパパイヤのことを指すこともあるようでボケではない。正式な中国名は貼梗海棠という。

†果実酒も美味しい！

クサボケもボケも、花後、花に似ず大きな果実をならせることがある。それはカリンに似ていてよい香りがあるが酸味が強く、生食というわけにはゆかない。香りにつられて噛《かじ》れば顔をしかめること必定。ただし、カリン同様、果実酒にすれば香りよく、また、咳止めなどの薬用にもなると云う。カリンもボケと同属の植物で、ボケの実がカリンによく似ているわけだ。

三月に入り、花屋の店頭にボケの鉢植えが並ぶようになると春来たる、の感が深く、葉が出る前に咲くその姿は、枯れ木に花を咲かせたようで人眼を引く。一般には春咲き花木として扱われるが、長寿梅を初め、四季咲き性を持った品種が結構ある。長寿梅の名も、その四季咲き性ゆえに長期間花を楽しめるところから付けられたものであろう。

ボケは丈夫な落葉性の小型花木であるため鉢植え、盆栽で楽しむほか、庭植えにもよく、あるていど陽の当る処なら、狭い庭に植えるのにもむく。放っておくと枝先が伸び過ぎるので秋に樹型を整える剪定をしておく。秋には花芽も膨らんで見分けがつくので、花芽をできるだけ残して伸び過ぎた枝を切りつめて整えればよい。

落葉樹類の植え替えや植えつけは晩秋か、二月頃、新芽が動き出す前に行うのが常識だが、ボケは春先に行うと、根の切り口から、根頭癌腫病菌という菌によって、根に癌腫を作りこれによって枯らすことがよくある。秋に行うと、以後の低温によって菌が働かなくなるので被害を受けにくい。ボケの移植は秋に行え、というのもその為である。また、カイヅカイブキに出やすい銹病《さびびょう》がうつって、葉が赤星病にかかって傷むので、カイヅカイブキのある庭では両方の消毒を忘れぬようにしたい。

ふじ

Wisteria floribunda

春に咲く花は、いずれも春のムードに相応しい。当り前のことかもしれないが考えてみると面白いことだ。サクラが夏に咲いても春に咲いた時ほどの情緒は感じられないだろうし、フジも秋に返り咲きをすることがよくあるが、「アラッ、珍しい」と感ずるだけで、美しい、と思うことはまずない。フジの花の最も美しい姿、それは、あの長い花穂が、春風に揺らぐ姿を見る時であろう。春咲きの蔓《つる》性花木の代表的なのがこのフジである。

フジはマメ科の蔓性落葉花木で、この仲間フジ属にはわが国に二種、中国に一種、北米に二種の計五種がある。わが国で広く植えられているのは、各地に広く野生するフジという種類で古くから賞でられ、万葉集でも二七首も詠まれているほか、物語にも数々登場するなど日本人の心に深く刻まれた花と云えよう。蔓は上から見て右巻きとなり、花穂が長く、いろいろな園芸品種が生れている。九尺藤は花穂が二メートルにも及ぶ見事なもので、このほか八重咲きのもの、ピンクや白花のもの、香りのよいものなどなかなか多様で、東京の亀戸天神のほか各地に藤の名所名園があって花時には藤見の客で賑わう。

もう一つのヤマフジはわが国西部に分布していてその蔓はフジとは反対に上から見て左巻きにからみつく。近縁の植物では蔓の巻き方などは、ほとんど同じ巻き方をするが、フジとヤマフジが全く反対であるのは面白いことだ。フジよりもやや葉が大きく葉裏に微毛のあること、一輪の花は大きいが花穂が短いことなどの相違点がある。

和名　フジ
科名　マメ科
学名　*Wisteria floribunda*

山歩きをしていると野生のフジが森の木々にからみついているのをよく見掛ける。昔はこの蔓を藤蔓と称して結束材料として広く用いていた。それほどに多く野生があるのだが、生えている割には花が咲いているのを見ることが少ない。だが、渓流沿いには見事に咲いているのを見掛けることがある。どうやらフジは水大好き植物のようで、鉢栽培では、水を切らすなというくらいだ。乾きやすい夏場など、鉢底を一夏水に漬けておいても根腐れすることがない。

フジが蔓ばかり茂って花がさっぱりつかない、という質問をよく受ける。これには幾つかの理由があり、種子を播いて育てたものは花がつくのに七～八年はかかる。そこで市販されているものは接ぎ木をしてある。他の花木でもそうだが接ぎ木をすると早く木が成熟する為である。よく「鉢植えで咲いていたものを地植えをしたら、その後何年経っても花が咲かない」とも聞かれる。鉢植えは、僅かな土で生活しなければならないので木が早く成熟するため早くから花をつけるが、これを地に下ろすと、思う存分根を張って若返ってしまう。この若返りがおさまって再び花をつけるには七～八年もかかってしまう。このほか、花後、盛んに伸びる蔓を初夏から夏へかけて邪魔だからとむやみに切ると花をつけなくなってしまう。十一月頃、花芽のできている蔓の基部四～五芽を残して、切りつめておくのが安全で、毎年、この剪定を行っていれば先へ先へとむやみに伸びなくなる。

第二章
夏の花

あさがお

Ipomoea nil

夏の朝早く、露を受けて静かに花開くアサガオの花。なんと情緒豊かな花であろうか。日本人の風情を楽しむ美意識に心深く喰い込む花と云えよう。

このアサガオ、それほどまでに日本人の心を捉える花であるが、元をただすとわが国固有の植物ではなく、その生れ故郷は熱帯アジアと云われる。中国では古くからその種子を「牽牛子《ケンゴシ》」と称し、漢方で下剤として広く用いられていた薬草であった。そして、平安時代に薬草としてわが国へもたらされたものである。初め、薬草園に植えられたが、夏になると、長く巻きつく蔓《つる》に、毎朝毎朝、涼しげな青い花を咲かせる。その姿に、日本人は美しさを見出したのだろう。その後、観賞用として楽しまれるようになり、安土桃山時代の屛風絵に青花とともに白花のものも描かれているところをみると、この時代に白花の品種が既に生れていたらしい。下って園芸ブームとなった江戸時代に入ると、アサガオは驚くべき変身をとげる。青花と白花を基に、花の色も、赤、紫、ピンクなどのほか、柿色と称するベージュ色のものや、絞り模様や覆輪模様など多彩に改良された。一方、花の大きさも、従来の小輪のものから、江戸時代末には、なんと直径二〇センチメートルにも及ぶ巨大輪咲きのものまで生れている。更に驚くべきアサガオが登場している。変化咲き朝顔と総称するグループだ。珍無類な花型をもったアサガオで、花びらが糸のように裂けるもの、二つ重ねになるもの、獅子頭のような八重咲きや、雄蕊の花糸《かし》が長く伸び、葯《やく》（雄蕊の一

和名　アサガオ
科名　ヒルガオ科
学名　Ipomoea nil

部で、花粉をつくる袋状の器官）が花弁化して垂れ下がるものなど実に多様で、これらのものには種子がならないものが多い。一年草であるアサガオは、その品種を維持するには種子がならなければ不可能となる。ところがこの生まず女《め》の品種を維持し続けたというから驚く。なんでも、変わり咲きを生む親木があって、これは一重咲きで種子が出来る。この親木とこの親木をかけ合わせると、こういう花型のものが生れるという図式もできていたという。今日ではその遺伝様式が解明されているが、当時、遺伝学のいの字もなかった時代である。よくぞこれを成しとげたということは、驚くよりほかはない。

†江戸を熱狂させた夏の花

ただし、変わり咲きが出る確率は低く、幸い、変わり咲きのものは双葉も変形しているので見分けがつく。双葉の時に、鶏の雌雄鑑別のように選別をして、正状の双葉のものは捨てられた。この捨てられたものが可哀相だからと、当時、朝顔塚を造って供養したという。江戸時代の人達の心優しき美談と云ってよいだろう。

このようにアサガオは薬草としてわが国へ渡ってきたが、すっかり観賞用草花に変身させられたのである。もし、わが国へもたらされなかったら、未だに薬草で終っていたかもしれない。

アサガ

巻き方は

どちらが

き説は上

うわけだ

子供か

受けた。このことは巷でよく云われるが、果して本当なのか。季節も反対、太陽の射し方も南半球では北側から射す。そう云われると本当かナ？　と思ってしまう。

その時は、そんなことはない、と答えたものの、実際に見たわけではないし、自信がない。幸い、その後でオーストラリアへ出掛けるチャンスがあった。むこうでフェンスにからまっていたアサガオをみつけて調べてみたら、わが国同様、上から見て左巻き、やはり、巷間の逆巻き説は嘘であった。赤道直下に生えたアサガオは、逆巻き説をとるならば巻きつけないではないか……。

アサガオのタネ播きは八十八夜を過ぎてから播け、と云われる。熱帯生れの高温性植物の為、慌てて早く播くと低温のため芽が出ない。八重桜が咲き終ってからゆっくりと播くことだ。

はなしょうぶ

Iris ensata

今から六十年ほど前になるだろうか、東京の駒場という処に住んでいた。その当時の駒場は東大農学部の農場があったせいか、武蔵野の面影を深く残していた。空き地や草原も多く昆虫採集に夢中であった私には、よきフィールドであった。その頃、すぐ隣の空き地に一カ所僅かながら湧き水の出る処があった。そこに、毎年のように数本、ノハナショウブが紫紺の花を咲かせていた。

現在、ハナショウブと呼ばれる園芸種は、このノハナショウブから改良されたものである。今ではその野生地はかなり減ってしまったようだが、昔は各地に群生地があったようだ。ハナショウブはアヤメの仲間で、その花が、花の少なくなる梅雨時に美しく咲くために、かなり古くから庭植えとして楽しまれていたようだ。それが本格的に今日見る見事なハナショウブに改良されたのは江戸時代後期になってからである。江戸に於て菖翁《しょうおう》と号した松平左金吾《まつだいらさきんご》（定朝《さだとも》）が一代で仕上げた数々の品種群は江戸《えど》菖蒲《しょうぶ》と云われ、堀切菖蒲園や明治神宮の菖蒲園など、各地の菖蒲園の主役として今日まで続いている。この江戸菖蒲は九州熊本の細川侯の手に渡り、更に大輪、豪華に改良されて肥後菖蒲となった。その当時、これらとは全く別に、伊勢松坂に於て紀州藩士、吉井《よしい》定五郎《さだごろう》の手によって改良された伊勢菖蒲というのがある。花弁は優雅に垂れ下がり、他の系統にはあまり見られないピンクや青系の品種がかなりある。

和名 ハナショウブ
科名 アヤメ科
学名 *Iris ensata*

この三つのグループがわが国の「花菖蒲御三家」というところだが、その後、これらが欧米へ渡り、むこうの人好みに改良されて、洋種花菖蒲というのも生れた。ハナショウブには従来黄花種がなく、改良家にとって黄花を作ることが大きな夢であったが、戦後、欧州産のキショウブとの交配が成功し、初めて黄花のハナショウブが誕生するなど、ハナショウブの改良はまだまだ終らない。

†名称をめぐる様々な誤解

ハナショウブの名は略されて、単にショウブと呼ぶことが多いが、これには少々問題がある。アヤメの項でも述べたが、元来ショウブとはハナショウブとは全く別物の菖蒲湯に用いる白菖のことで、ハーブの世界ではカラマスと称するサトイモ科の植物である。更に厄介なことには、漢名の菖蒲はショウブに非ず、その仲間のセキショウのことだという。ハナショウブは、葉がショウブに似て美しい花を咲かせるところから名付けられたものであるから、ショウブと略してしまうのは具合の悪いことだ。菖蒲湯にハナショウブの葉を入れて、さっぱり匂いがしないとボヤく人も出る始末。植物名とはなかなか面倒なもので、略してしまうととんだ誤解を生じてしまう。今更とやかく云っても仕様がないかもしれないが、菖蒲園は正しく花菖蒲園と呼んでもらいたいものだ。

アヤメとハナショウブがよく混同されてしまうが、どう違うのか？　その見分け方は、まず、外側に開く花びらのつけ根を見ることだ。アヤメは白地に網目のような筋模様があるが、ハナショウブは太い黄色の線が入る。近縁のカキツバタでは、この部分が白い線となる。葉にも相違があって、ハナショウブの葉には、触るとそれと解る太い主脈があってアヤメやカキツバタにはそれがない。この他、アヤメは水はけの良い処を好み、カキツバタは反対に浅水に漬って生え、ハナショウブは湿っぽい処を好むが、水に漬る処は好まず畑地でも育つ。ところが、ハナショウブは、田圃のような浅水に漬るような処が良い、と思われているが、これは誤まりで、札幌の豊平区月寒にある花菖蒲園などは田圃ではなく、黒土の火山灰土の畑地で育てられていて、見事に花を咲かせている。ハナショウブ＝水を張った田圃、と思われてしまうのは、多くの花菖蒲園を花時に訪れると、田圃様式で水を張ってあるからだろう。それを見れば「ハナショウブには水が必要」と考えてしまうのは無理からぬことだが、花後は水を落してしまう。花後に花菖蒲園へ行く人はまずいないだろうから、このことが案外知られていない。何故、花時に水を張ってあるのか？　実は、ハナショウブは梅雨時の花、水に映りがよい花なのだ。

わが国が世界に誇る園芸植物。これがハナショウブである。

ゆり

Lilium auratum

野山の花の中で、時に王者の風格を見せるのがユリの花であろうか。就中《なかんずく》、ヤマユリの見事な花はその姿にふさわしい。わが国はユリの国で、北海道のエゾスカシユリから沖縄のテッポウユリに至るまで、各地にそれぞれの野生のユリが自生し、そのいずれもが美しい花を咲かせる。かつて、欧米の人にとって日本のユリは憧れの的であったという。

中でも最大輪の花を咲かせるヤマユリは注目されていたようで、近年、これを基に、多くのユリとの交配が行われて、ヤマユリ型の見事な花を咲かせる交配種が続々と登場し、庭に、切り花に世界中の人々の眼を楽しませてくれている。このヤマユリ交配種をオリエンタル・ハイブリッドというが、その中で純白色大輪花を咲かせるカサ・ブランカは、その名の為か、わが国では最も人気があり、カサ・ブランカに非ざれば百合ならず、という風潮さえある。

多くの植物が品種改良された江戸時代、どういうわけかスカシユリの改良が行われた以外はあまり行われていない。これはちょっと不思議なことである。野生のユリがあまり美

和名 ユリ
科名 ユリ科
学名 Lilium auratum

しく、改良する意欲が出なかったのだろうか。昔は種子を播いて、その中から優れたものを選び出す選抜育種という方法がとられていたが、ユリ類にはそれほど変異が出なかったのか、ヤマユリのように種子を播いて発芽までに一年かかり、花をつけるまでに数年を要し、その間に罹り易いウイルスによる病気によって成果を見なかったのか、その辺がよく解らない。しかし、野生の中には、紅筋《べにすじ》と呼ばれる、赤花ともいえるヤマユリの変異種がある。私の子供が小さかった頃、夏になると伊豆の戸田《へだ》へ毎年のように出掛けた。そのおり、定宿にしていた民宿に、この紅筋の切り花が飾ってあったのを覚えている。尋ねたところ、近くの山で切ってきたとのこと。この赤花種は野生のヤマユリに時々見つかるようだが、栽培増殖されてその球根があまり市販されていない。普通のヤマユリの球根は市販されてはいるが、ほとんどが山採りといって、野生品が掘られて売られているものだ。最近はヤマユリの野生が少なくなったが、山採り品を販売していることにもその原因があるだろう。

ヤマユリの球根を買って植えたら、一年目は見事に育って咲いたが、二〜三年後には、咲いても、花びらがつけ根から股裂きをしたように開く奇形花になってしまったということを、よく耳にする。その後、芽は伸びても下葉から枯れて咲かずに終り、次の年には芽も出ずに、掘ってみたら球根も腐ってなくなっていた、という経過をたどることが多い。これはウイルスによる病気で、ヤマユリは特にこの病気に罹り易い。ところが、野生のヤマユリを調べてみると、ウイルスに冒されているものはほとんどないそうだ。掘ってきて植えると時ならずしてウイルスによる病気で駄目になってしまう。何故なのだろうか。

野生のヤマユリの球根を掘ってみると、その球根は驚くほど深い処にある。移植ゴテなどではとても掘り切れず、シャベルで深く掘らないと出てこない。実は、ここに秘密があるのだ。ヤマユリに限らず、ユリ類の根は、球根から出る茎が地中に埋っている部分からも沢山の根を出す。もちろん、他の球根類同様球根下にも根を出す。前者を上根《うわね》、後者を下根《したね》と云うが、この二種の根は役割が違っていて、土中から栄養を吸収するのは上根で、下根は栄養吸収はしない。何をしているのかというと、この根は太く、牽引根と云って、球根を土中深く引きずり込む役目を果たす。ウイルス性の病気は、球根周辺の土の乾きが続くと発病し易いが、湿気を保っていると発病しにくい。球根の位置が浅いと周辺の土は乾き易く、深いと乾きにくい。ユリに二通りの根があるのはその為で、下根はウイルス性病害から身を守る手段と云える。

ということで、ユリ類を植える時にはよく育てる為にも、ウイルスに冒されない為にも深く植えるのがコツで、ヤマユリクラスの大型種では二五〜三〇センチメートルぐらいの深さに植え、植え放しにしておいた方がよい。

天はユリに、素晴らしい護身法を授けたものだ。

まつばぼたん

Portulaca grandiflora

真夏の、照りつける太陽を浴びて、赤、ピンク、黄、白と、色とりどりに可愛らしい花を咲かせるマツバボタンは、昔からごく身近な庶民的な草花として親しまれている。

この南米ブラジル生れの一年草は、わが国へは十九世紀、文久年間に渡来したと云われ、葉は多肉質の松葉状、花がボタンの花を思わせるところからマツバボタンと名付けられて親しまれるようになった。

一般には夏花壇用の一年草として扱われるが、茎葉は多肉質で、乾燥や日照りにも強く、ヒデリソウとも呼ばれるし、爪で千切って挿し木をすると簡単に根付いてしまうことから、ツメキリソウとも云われる。

元々は一重咲きであったが、八重咲き種が改良されてからは、専らこの八重咲き品種が栽培される。これなどは、正にボタンの花を小さくしたようだ。

マツバボタンの仲間、ポーチュラカ属の植物は、中南米に多いが、わが国にも一種野生している。といってもいわゆる草花ではない。なんと、これが各地どこにでも生えて雑草扱いされているスベリヒユだ。丸く小さい肉厚のヘラ状の葉をつけ、葉腋に小さな黄色い花をつける。典型的な夏草で、夏になるとやたらと生えてはびこり出す。

この茎葉がスベリヒユそっくりで、一重咲きのマツバボタン同様の花を咲かせ、近頃、マツバボタン以上に人気のあるのがハナスベリヒユである。ここ十年ぐらい前から急に人

和名 マツバボタン
科名 スベリヒユ科
学名 Portulaca grandiflora

気が出た草花で、新しいポーチュラカ属の花というところから、ニュー・ポーチュラカと呼ばれている。ところが、ニューが省略されて、単にポーチュラカ、と呼ばれるようになってしまった。昔はポーチュラカといえばマツバボタンのことであったが、どうやら、その人気も名前もハナスベリヒユに奪われてしまった。

†花期が長いハナスベリヒユ

　ハナスベリヒユの多くは一重咲きでマツバボタンよりも小振りで華やかさにはやや劣るが、何故、マツバボタンより人気が出てしまったのか。これは花時の長さの違いであろうと思う。マツバボタンは七月、八月が花盛りだが、九月に入り彼岸の声を聞くと終りになる。ハナスベリヒユの方は彼岸を過ぎ十月に入ってもまだ咲き続けている。この花時の長さがハナスベリヒユに軍配が挙がった大きな理由だろう。同じ仲間でありながら、花期がこのように違うのは、マツバボタンは花後よく結実して種子を結び株の消耗がはげしい。ハナスベリヒユはほとんど種子をつけないので消耗が少ない。その為、マツバボタンは花期が短くなり、ハナスベリヒユの方は長期間弱らずに咲き続けるという塩梅だ。そこで、マツバボタンは種子を採って毎春播いて育てるが、ハナスベリヒユの方は、親株を温室内で越冬させ、挿し木によって殖やされている。したがって、一般には春に売られるこの挿し木苗を求めて育てることになる。

マツバボタンの仲間で園芸化されているものにもう一種ある。ジュエルという品種で、一重咲き大輪の紫紅色花を咲かせる。葉は松葉状でマツバボタンによく似ている。この品種は、戦後間もなくアメリカのヴォーン社で、全米花卉審査会（ＡＡＳ）での入賞品種として発表されたものだ。

戦後、昭和二十四、五年頃、新宿の某造園会社でアルバイトをしていた時、ヴォーン社から草花二〇〇余種の種子が送られてきて、この試作をさせられたことがある。この中に、このジュエル種があったが、栽培してみると、マツバボタンよりかなり耐寒力があり、株が冬越しをして次の年に再び咲くということが解った。変わったマツバボタンということで、その後、園芸学界でも幾つかの研究発表があったが、いずれもマツバボタンの学名である、ポーチュラカ・グランディフローラの一品種として発表されていた。しかし、かなり性質が異なるし、マツバボタンと交配しても成功しない。私は別種と考え、発売元のヴォーン社へ問い合わせてみたところ、グランディフローラ種ではなく、別種のパラナ種の改良種であることが解った。この事を知っているのは、たぶん私だけで、わが国で最も早く栽培したのも私であったようだ。

けいとう

Celosia cristata

ケイトウは鶏頭と書く。茎上につく花穂の頂きが鶏の赤いトサカ状となる為だが、云い得て妙というところ。

一般には、これをケイトウの花と見るが、正確にはこれは花ではない。花軸の頂きが変形して鶏冠状になり色付いたもので、本当の花は、この鶏冠下部の扁平になった部分に、小さく目立たない小花がびっしりと付く。この小花が本当の花であって、観賞価値は全くない。このような形態の花はほかにはあまり例がない。一種の擬花とも云えるだろう。

ケイトウは元々、インドや熱帯アジア原産のヒユ科の一年草で、非常に古くわが国へもたらされ、「韓藍《からあい》の花」として万葉集に登場するのがケイトウのことであろうと云われている。このように古く渡来し、わが国の気候風土に適したほか、日本人の好みにもあったのであろう、広く植えられ楽しまれ、夏から秋へかけての庭を飾る花として欠かせない存在となってきた。

本来のケイトウは、その名の如く、鶏冠状の花冠を作るが、この変種に、全くスタイルの違う羽毛《うもう》ケイトウというのがある。円錐状の花穂《かすい》には細い紐状の毛が密生し、これが赤や黄に着色して美しく房《ふさ》ケイトウとも云われる。両種ともに改良されて美しい品種が数々あるが、わが国で改良されたものが多い。これも、古くからなじみ親しまれてきた草花なるがゆえであろう。

和名　ケイトウ
科名　ヒユ科
学名　Celosia cristata

ケイトウの中で、わが国で最も広く栽培され、夏の切り花として利用されるのに「久留米ケイトウ」というのがある。名のように、戦後、九州の久留米地方で作られた品種で、鶏冠が球状となり、切り花用の草丈の伸びるものであったが、その後、花壇用として丈の低い矮性種も出来ている。一方、羽毛ケイトウには国産で、海外のコンクールで入賞した品種が幾つもあり、これも大型種から小型種まであって、花壇などに植えると、焔が燃え立つような美しさがある。

†種の採集と播き方のコツ

ケイトウ属は学名をケロシア属というが、これはギリシャ語で燃えているという意味のケーレオスに由来し、種名のクリスタータも英名のコックスコムもいずれも鶏冠を意味するし、漢名はそのものずばり鶏冠と称する。洋の東西を問わず、誰が見てもその花冠は鶏のトサカに見えたようだ。この一属には、中南米、アフリカ、熱帯アジアにかけて五〇種ぐらいあると云われ、わが国へは、ケイトウ同様古く渡来し、野生化した処もあるノゲイトウというのがあり、これの園芸品種に、ピンクの花穂が銀色がかるギンヤリケイトウというのがあって切り花として広く使われている。

ケイトウ類は一度植えておくとコボレ種子でもよく生えてくるが、花穂が出てくると、羽毛系では初め円錐形の羽毛状の花穂であったものが、その後先端が鶏冠状となることがよくある。鶏冠状のものと羽毛状のものとは全く別種のようにも思えるが、羽毛状花穂の上に鶏冠が現われるのを見ると、この二つ、やはり同種のケイトウであることが肯ける。ただし観賞的には、何か中途半端であまりいただけない。

ケイトウの種子採りは、放っておいても無数に種子が採れて簡単にみえるが、無造作に採種をしていると、前述のように形が乱れてしまいやすい。そこで、種子を採る株は、その品種の形質の優れたものを選ばなくてはならない。

以前、某種苗会社の嘱託をしていた時、久留米ケイトウの採種圃場で優良株の選抜を手伝ったことがある。鶏冠が球状のこの品種はちょっと油断をすると元の扁平な形に戻ってしまいやすい。そこで形の少しでも悪いものは全て抜き取って、完全に球状となるものだけを残し、これから種子を採ることになるが、徹底的に抜き取ると、広い畑に何本も残らない。しかも球状になるほど、小花数が少なくなって一株からの採種量がごく少なくなってしまう。したがって厳選採種品の種子は特級品として高価に扱われていたものである。

熱帯植物であるケイトウは、種子を播いても温度が低いと芽が出ない。春播きの一年草だが、あわてて早く播くと失敗する。八重桜が咲き終ってから播くのがよい。

はまゆう

Crinum asiaticum var. japonicum

夏に暖地の海辺を訪れると、雄大な葉をひろげ太い花茎を伸ばして、白色細弁の花を傘状に数多く咲かせる花をよく見掛ける。近づけば仄かな良い香りを漂わせ、海岸の砂浜によく映えて実に美しい。清涼感漂う花である。この正体がハマユウで、柿本人麻呂《かきのもとのひとまろ》が、

み熊野の浦の浜木綿《はまゆふ》百重《ももへ》なす心は想《も》へど直《ただ》に逢《あ》はぬかも

(意味：み熊野の浦の浜木綿は葉が幾重にも重なっているが、そのように心では思っていても、直接逢う機会はありませんよね。)

と詠んだ歌が一首、かの万葉集にも登場する。平安時代には酒宴の席で肴を盛る敷葉としてこのハマユウの葉が使われたというから、ハマユウと日本人の付き合いはかなり古い時に遡ることができる。ハマユウは浜木綿と書くが、株の根元の白い葉鞘が、コウゾの繊維を晒した木綿（ゆう）に似ているところから付けられた名であると云われる。またの名をハマオモトともいうが、これはその雄大な葉がオモトの葉を思わせるからだ。

このハマユウ一族はヒガンバナ科のクリヌム属に属し、二〇〇に及ぶ多くの種類がある。

和名 ハマユウ
科名 ヒガンバナ科
学名 *Crinum asiaticum* var. *japonicum*

そして、このクリヌム属の祖先は氷河時代の生き残り植物で、アフリカ大陸に生き残ったものが多種に分化したものらしい。

かつてタンザニアとケニアを旅したおり、二種ほど野生のものを見た。このクリヌム属の果実はコルク質に覆われていて、水によく浮き海流に流されて分布をひろめたらしい。

アフリカからその果実がインド洋に流されたとしよう。東へ流されるとまず辿りつくのはオーストラリアであろう。実際に、オーストラリアにも野生種がある。更に北へ流され、東南アジアから太洋州の島々に居着いたものもある。ハワイへ行くと、海岸線にわが国のハマユウより大型のものがどこにでも見られる。更に北へ流される。小笠原諸島には、特有のオガサワラオオハマユウという固有種がある。そして黒潮に乗ってわが国の暖地太平洋岸に居着いたのが、わが国のハマユウであるようだ。考えてみると、遥か彼方のアフリカを起点にして、航海をしながら先々で種が分化し、わが国にまで辿り着いたわけだ。なんと壮大な自然が織りなすロマンではないか。

このように海流によって分布をひろめる植物はこのほかにもある。有名なココヤシがそれで、これはどこが発祥の地か解らないらしい。このココヤシの実、わが国にもけっこう流れ着いて、伊良湖岬に流れ着いたものが「椰子の実」の歌になったのはあまりにも有名な話だが、流れ着いて芽を出しても、熱帯植物なるが故に冬の寒さで枯れて居着くことができない。このように海流によって分布をひろめる植物を、私は「航海をする植物」と名付けたがどうだろう。

ハマユウの仲間には園芸的に栽培されたり改良されたものが結構ある。俗にインドハマユウという、筒形のユリ状の花を咲かせる丈夫で作り易い種類があるが、インド原産ではなく、元来、南アフリカ産種で、これを更に改良したポウエリー種は淡ピンクのテッポウユリ状の花を咲かせる。また、変わったものに、同じヒガンバナ科でも全く属の異なるアマリリス・ベラドンナとポウエリーを交配して作られたアマクリヌムというのもある。いわゆる属間雑種というわけだ。

ハマユウは育ててみると意外に丈夫で育て易いが、なにしろ大型で根がよく張るため大鉢で育てないと育ちが悪く花立ちも悪い。ポウエリー以外は温暖な気候を好むので寒地では戸外栽培は無理だ。殖やすには春に株分けをするか、種子を播く実生《みしょう》を行うが、花が咲くまでにはかなり年月を要するので気長に育てることだ。

以前、某テレビ局の園芸番組で、ハマユウの野生地で三重県の和具《わぐ》大島《おおしま》へロケに行ったことがある。小舟に乗って島へ渡ったところ、海岸線にハマユウの群落が白い花を咲かせ、それは見事な光景であった。いつの世か、はるばる流れ着いて島に居着いたことを思うと大自然の壮大さに無量の感を覚えずにはいられなかった。

さぎそう

Habenaria radiata

造化の妙、という言葉がある。

花という花、それこそ雑草扱いにされるものの花でも、よく見るといずれも造化の妙と感心させられるが、このサギソウの花は、その中でも最たるものだろう。

純白のその花は、正に白鷺の翔ぶ姿そっくりである。どうしてこのような花ができたのか、見る度に感心させられるとともに、造化の妙を感ぜずにはおられない。

サギソウはわが国各地の湿地に広く分布する野生ランの一つであった、と過去形で云うようになりつつある。昔は、それほど珍しい野生ランではなかったらしいが、花美しきが故に乱獲されるとともに、開発などによって野生のものが激減してしまったようだ。

東京の世田谷区は区の花がサギソウであるが、これも区の西側を流れる多摩川の流域にサギソウが多く野生していたことによるそうだし、姫路城を白鷺城と呼ぶのも、その城の美しさとともに、この一帯にもかつてはサギソウの野生があった為でもあるらしい。

ラン科植物の花は、いずれも人の心をひきつける魅力をもっているものが多く、その為

和名 サギソウ
科名 ラン科
学名 Habenaria radiata

に、しばしばラン獲されてその野生が影をひそめてしまうことがある。そして、一度減ってしまうとなかなか復元しない。わが国の野生ランの中にも、サギソウを初め、エビネ、シュンラン、ウチョウランなど、ブームになって野生地が乱獲によって荒され激減したものがかなりある。これはわが国だけでなく洋ランブームによって熱帯域の野生ランも急速に影をひそめてしまい、ラン科植物はすべて採集、売買が国際的に禁止されている。

ランの仲間は、自然界では種子によって繁殖をするが、その種子の発芽には特殊な仕組みがあって発芽率は極めて低い。したがって、株が激減するとなかなか復活するのがむずかしくなってしまう。

サギソウの野生は減ってしまったが、幸い栽培してみると意外に育てやすく、しかもよく殖え、人工増殖が容易なため野生のものを採ってくる必要がなくなった。今市販されているものはすべて人工増殖品であるから気兼ねなく栽培してよい。

サギソウは球根植物の一つで、この球根の出来方が、ごく普通に栽培されているある根菜類とそっくりであることに気づいている人が意外に少ない。その根菜類とは何か？　それはジャガイモである。ジャガイモは種薯《たねいも》を植えると、伸びる茎のつけ根から白く長く伸びる地下茎を出し、その先端に養分を貯えて薯を作る。サギソウも全く同じで、球根を植え、茎が伸びてくるとつけ根から地下茎を伸ばし、その先へ小さな球根を作る。クイズ番組で、「サギソウとジャガイモの共通点は?」という質問を出したら、果たして何人が答えられるだろうか。

　ということで、最近は春先になると、どこでもその球根の絵袋詰めが売られ、育てる人が多くなった。ところが、うまく咲かない、という質問をよく受ける。聞いてみると、湿地の植物で乾きを嫌がる、というところから、日陰で育てている人が案外多い。サギソウは元来、日当りのよい湿原に生える植物で、日当りが悪いと茎葉は茂っても花つきが悪くなる。日向で育てることだ。

　また、湿地の植物だからと、鉢底を水に漬けっ放しにすると、暑い夏場のこととて水が悪くなって根腐れをして枯れてしまうこともある。野生地を調べてみると、同じ湿地でも湧水のある付近に多く生える。新鮮な水が好きなのだ。したがって、漬けっ放しにせず、毎日、充分に新しい水をやった方がよい。肥料は、通常、固形油粕を置き肥にすることが多いが、やり過ぎるとチッソ分が過剰になり、軟弱に育ち、球根も腐りやすくなるし、病気も出易い。微粉ハイポネックスのようなカリ分の多い水溶性肥料を施すのがよい。球根植物はカリ肥料を多く施すのが原則で、サギソウも球根植物、と考えることが大切である。

　暑い夏に涼し気に咲くサギソウの花。ポイントさえ解れば誰にでも咲かせられる。是非この美しい花を楽しんでもらいたいものだ。

あじさい

Hydrangea macrophylla form. Macrophylla

梅雨時に、そぼ降る雨に濡れて、しっとりと咲くアジサイの眼に染み入る藍色の花を見ると、うっとうしいこの季節に心救われる想いがする。

アジサイ、それはわが国で生れた世界に誇るべき花木の一つであるとともに、話題多き植物でもある。

まずその一つ、名前についてである。アジサイとは、「集まる真の藍」という意味で、古くは集真藍と書きアズサイと呼ばれていたが、後にズがジに転化してアジサイになったようだ。ところが、現在、アジサイは漢名として紫陽花と書き多くの人が疑わない。これに疑問を呈したのが、有名な植物学者であった牧野富太郎博士（一八六二―一九五七）であった。アジサイはわが国固有の植物で、中国には元来ない植物であるから、紫陽花とはアジサイである筈がない。

というわけで、いろいろと調べられたところ、平安貴族に愛誦された白楽天の詩のなかに出てくる紫陽花という花を時の歌人、源《みなもとの》順《したごう》（九一一―八三）がアジサイと想い込んだのが始まりであることが解った。紫陽花＝アジサイに非ずというわけだ。因みに、中国には、日本のアジサイが欧州へ渡り改良されたものが渡来して植えられるようになり、西洋から来た毬のような花ということから洋繡毬と名付けられている。

アジサイの祖先は、伊豆地方などの海岸線に野生するガクアジサイと云われる。この花

和名　アジサイ
科名　ユキノシタ科
学名　Hydrangea macrophylla form. Macrophylla

は、小花が密集する扁平な花房を作るが、中心部の小花は雌雄蕊を持つが萼《がく》片、花弁ともごく小さく目立たない。その代わり、花房外周に萼が青く花びら状に大きくなった装飾花をつける。その様子が額縁を思わせるところからガクアジサイと名付けられた。ところが、稀に、花房全体が装飾花に覆われる突然変異が出ることがあり、これをテマリ型と称し、観賞価値が高いため、多く植えられるようになった。これがいわゆるアジサイである。

ガクアジサイには変異種が多く、山間地に野生するヤマアジサイ（これが海岸地に居着いたのがガクアジサイという説もある）、北地に野生するエゾアジサイ、甘茶の原料となるコアマチャやオオアマチャ、そのほか、ベニガク、シチダンカ、ヒメアジサイなどいずれも、学名ヒドランゲア・マクロフィルラ種（Hydrangea macrophylla）の変異種とされる。

†シーボルトが欧州へ紹介

西洋アジサイと呼ばれるのがあるが、これは、江戸時代末に渡日したかのシーボルトやケンペルなどによって各種のアジサイが欧州へ渡り、これを基に盛んに改良されて、あちらの人好みに派手で豪華なアジサイへと生れ変わり、大正時代に入り、わが国へ輸入され、西洋から来たアジサイ、ということで西洋アジサイの名で普及するようになったものであって、西洋原産のアジサイではない。

アジサイは古くから庭植えにして楽しまれ、万葉集にも二首ほど詠まれているが、不思議なことにその後うとまれ、園芸ブームであった江戸時代にも、これという品種改良が行われていない。一説によれば、アジサイを賞でた橘氏が藤原氏に滅ぼされたことによるとも云われ、また、その花が緑、白、青、帯赤、緑と色変わりするところから節操のない花として忌み嫌われたからとも云われている。

いずれにしても、わが国固有のこの美しい花木は、わが国で忘れられているうちに、ヨーロッパへ渡ってからすっかり改良されて再び錦を飾って里帰りしたことになる。

アジサイは植えられている土の酸度によっても色変わりする。酸性が強くなるとより青くなり、弱くなってアルカリに近づくと赤くなる。プロの人達は、青花の品種には用土に酸性の強いピートモスを混ぜたり、ピンクや赤花の品種には強アルカリ性の石灰を混ぜたりして酸度の調整をする。これを誤ると、青とも赤ともつかぬ何とも中途半端な色になってしまう。ただし白花種は酸度によって変化はしない。

アジサイは育った枝の先の方⅓ぐらいの部分の頂芽と脇芽に九〜十月頃花芽を作る。株が大きくなるからと、冬になってバッサリ切りつめると花芽も切り落とされて花が咲かなくなってしまうので、剪定は花後すぐに⅓ていどの切りつめをするのがよい。

梅雨時を飾るアジサイもハナショウブも、わが国が生んだ世界に誇るべき花である。

くちなし

Gardenia jasminoides

梅雨時には、静けさ漂う花が多いが、クチナシもその一つであろう。つややかな濃緑色の葉に純白色の花がよく映え、しかも、すばらしい香りを放つ。よい香りの花は数多く、それぞれに特有の匂いをもっている。そしてよい香りではあるが、癖があって、人によって好き嫌いがあったり、集積すると逆に悪臭になってしまうものもある。その点、クチナシの匂いは強いが品があり、誰にも好まれる。

クチナシの仲間は亜熱帯から熱帯へかけて多くの種類があり、いずれも濃緑色葉に白い花を咲かせよい香りを放つ。何種ぐらいあるのか調べてみたら、ある本には六〇余種とあり、別の本にはなんと二〇〇種もあると書いてある。このようなことは時々あり、学者によって大雑把に分類をしたり、反対に細かく分類をする学者もあり、それによって種類数が異なってくるが、これほどの開きがあるのは珍しい。一体、どちらが本当なのだろうか。

それはともかくとして、園芸的に栽培されているものはそれ程多くはない。

花屋では、洋名のガーテニアという名で呼ぶことが多く、なんとなく洋風の花というイメージから西洋の花木と思われがちだが、園芸種は、いずれも、わが国や中国産のものからの改良種である。

庭園用として多く植えられるクチナシは、わが国南部の九州や沖縄に野生するコリンクチナシの変種で、これは中国南部や台湾にも分布している。私も、かつて、西表島北部の

和名 クチナシ
科名 アカネ科
学名 Gardenia jasminoides

渓谷地で見掛けたことがある。このグループのものは高さ一メートル以上となって叢生し、一重咲きの花を咲かせるが、この中に大輪で見事な八重咲きの花を咲かせるオオヤエクチナシという品種があり、これはアメリカで改良されたもので、庭園用のほか、切り花としても用いられている。

クチナシは十九世紀に欧米へ渡り、その清純さとすばらしい香りがむこうの人達を魅了し、アメリカでは、独立記念日に、女の人達はこの花を髪飾りにして祝ったそうであるが、今でもこの風習は残っているだろうか。

†果実は漢方薬として重用

クチナシの名は〝口無し〟の意で、果実が熟しても割れて中の種子を出さず、口をあけない、というところから付けられた名だそうだ。この果実、上部に萼片が残りこれが鳥の嘴《くちばし》のようでクチバシナシ（これは梨の意だろう）がクチナシになったという別説もあるが、口無し説の方が正しいようだ。

熟すると黄赤色となり漢方ではこれを山梔子《サンシシ》と呼び、薬用として用いられてきたほか、熟した果汁は、料理の着色料や布の染料としても広く使われてきた。また熟した果実を枝ごと切って装飾にも使われる。

最近鉢仕立てで売られているクチナシは、中国原産のコクチナシの園芸種で、木は小型で、地植えをしても二〇〜三〇センチメートルぐらいの高さで、小枝を多く出して横ひろがりに茂るので正に鉢植えむきの種類だ。元来は小輪の一重咲きだが、市販されているものはほとんど八重咲きで、しかも初夏以後秋までぽつぽつと花を咲かせる四季咲き種となっている。このコクチナシには、このほか、斑入り葉種や、葉が丸いマルバクチナシなど幾つかの園芸品種があり、盆栽にも仕立てられることが多い。

コクチナシは、別にヒメクチナシともいう。コクチナシの名は、コリンクチナシによく似ていて混同されてしまい何ともまぎらわしい。別名のヒメクチナシで扱った方が間違わずにすむと思うが……。

花、果実ともに利用できるが、八重咲き種は果実をつけぬので、果実を利用したければ一重咲き種でないと駄目だ。

クチナシは寒冷地では冬に傷みやすいが、それ以外の地では丈夫な常緑花木で、かなり日当りが悪い処でもよく咲く。一つ注意しなければならぬのは、オオスカシバという蛾の幼虫に、あっという間に葉を喰べられてしまうことだ。この芋虫、茎葉そっくりの緑色をしているため葉が喰べられてしまうまで気づかぬことが多い。少しでも囓《かじ》られていたら虫が居るとみて、すぐに殺虫剤を撒いて駆除しないと丸坊主にされてしまう。

さるすべり

Lagerstroemia indica

春には咲く花木の種類が多く選りどり見どりというところだが、夏になるとぐっと少なくなる。その中で春のサクラのようにわが世を謳歌するように咲くのがサルスベリであろう。

木を覆うように桃紅色の花を咲かせるその姿は、遠目に見るとなかなか風情があって美しい。ところが、近寄ってその一輪一輪を見ると、なんとも奇妙な形をしている。六枚の花びら一枚一枚は丸いが、弁周が大きくちぢれてくしゃくしゃとしていてすっきりとした花容ではない。加えて花びらの下半分は紐状に細い。花芯部には多数の雄蕊があるが、そのうちの外周部にある六本は長く突き出し、その先は鉤状に内彎《わん》する。なぜこのような不思議な形をしているのだろうか。

一輪一輪はなんとも奇妙だが、これが円錐状の花穂いっぱいに咲くと実に美しい姿となる。

サルスベリは中国南部生れの落葉性花木で、中国では古くより紫薇と称し、禁廷に植えられる貴樹とされていたという。貴樹ということからか、わが国では寺院に植えられることが多かったようで、今でも、寺院には盆の頃に境内を飾っているのをよく見掛ける。

サルスベリの語源は、毎年樹皮が剝けて樹肌がツルツルになって、これでは猿も滑って登れないだろう、ということから名付けられたらしい。実はこのように樹皮が毎年剝ける木は他にもあり、山地に多く野生するリョウブや、近頃流行の花木であるナツツバキも樹

和名 サルスベリ
科名 ミソハギ科
学名 *Lagerstroemia indica*

皮が剝け木肌がツルツルになる。そのため、ナツツバキも別名をサルスベリという。

漢名では別に百日紅とも称する。これは百日の長きにわたって紅の花を咲かせるところからと云われ、わが国で使われる漢名は紫薇よりも百日紅と書かれることが多い。

サルスベリはミソハギ科サルスベリ属の一員であるが、この仲間はアジアから太洋州へかけての亜熱帯や熱帯域に約三〇種ほどがあり、わが国にも沖縄にシマサルスベリという種類がある。このようにどちらかと云えば、南方系の樹木で温暖な気候を好むが、サルスベリはもっとも耐寒性があり、寒冷地でない限り庭植えの花木として楽しめる。

園芸的に広く楽しまれており、改良品種もあるのはサルスベリだけだが、熱帯地方へ行くと紫桃色の大輪花を咲かせるオオバナサルスベリが植えられていることが多い。ただしこれは耐寒性が劣る為、わが国ではよほどの暖地でないと庭植えはむずかしい。

最近、鉢植えでごく小型のサルスベリが売られ、花色も、紅、ピンク、白、紫と豊富であるが、これは昔からあった早熟の実生一〜二年で花を咲かせる小型の〝一歳サルスベリ〟系の改良種で、地植えをしても在来種ほど大きくはならない。

†風情を楽しむなら中剪定がおすすめ

冬になると、あちこちの庭先に、葉を落としたサルスベリの枝が握り拳を突き出したように立つ姿をよく見掛ける。剪定をする時に、春から伸びた枝を付け根まで切りつめる剪定を毎年行うために、付け根の部分が拳状に肥大してしまうからだ。何故、このような強い剪定をするのか……。

サルスベリの花芽は、春から生長する新しい枝先に初夏の頃にできるが、勢いよく旺盛に伸びる枝先にできた花芽の方が、大きな花房となって見事になるからだ。新しく伸びる芽は枝の基部の芽ほど太く勢いがよい。付け根まで切りつめれば、このつけ根の芽しか残らず、これが伸びるので大きな花房をつける、という寸法だ。ところが一方、勢いのよい枝ほど長く伸びる。その枝先へ大きな花房がつくと、その重みで枝先が垂れ下がりやすい。しだれて咲くというと風情があるようだが、サルスベリの場合、少々だらしなくなる。

私が子供の頃、サルスベリは、木全体に、しだれずに、花の房が、ポッ、ポッポと、花笠をとりつけたように咲き、大変風情があった印象をもっていた。以前、園芸界の先達として有名であったS先生にこの話をしたら、

「昔はネ、強剪定をせず、枝を半分ぐらい切りつめる中剪定をすることが多かった。こうすると枝は伸び過ぎず、花房は少し小さくなるが、垂れ下がらずたいへん風情のある咲き方をするんだよ……」

今ではこの中剪定の方法はプロでも知らぬようだ。一度試してみてはどうか……。

むくげ

Hibiscus syriacus

「槿花《きんか》一朝《いっちょう》の夢」とは儚《はかな》いことの譬《たと》えである。槿花とはムクゲのこと。ムクゲは西アジアから中国原産のアオイ科フヨウ属の落葉低木で、熱帯花木として有名なハイビスカスと同属の、いうなれば兄弟分の植物だ。この一属の花は、いずれも一日花で、朝早く眼を醒まして開き、夕方には萎《しお》れて咲き終る。これを一日花というが、面白いことに、一日花は夏に咲く花に多い。アサガオ、カンゾウ類、ヒルガオ、マツバボタンなど、いずれも夏に咲く一日花である。これらは日中開いて夕方に終る朝咲き一日花だが、オシロイバナやマツヨイグサ、月下美人など夜開性の一日花もある。なにもムクゲだけが一朝の夢ではないのだが、儚きことの代表としてムクゲが登場させられたのはちょっと気の毒な気もする。

ムクゲの中国名は木槿。ムクゲの語源は木槿の日本読みが転化したのだそうだが、別にキハチス、ハチスなどとも云われる。中国では古くから白花種の蕾を木槿花と称し、整腸剤として用いられた他、樹皮、根皮ともに薬用としたり製紙原料にもされたとされる。わが国へは古く朝鮮半島を経てもたらされたと云われる。朝鮮では昔から国民の花として親

和名 ムクゲ
科名 アオイ科
学名 Hibiscus syriacus

しまれてきた。先年、ソウルで催されたオリンピックの際、わが国の選手団が入場に際し、ムクゲの造花を手にして行進をし、敬意を表したことを記憶しておられる方も多いと思う。

梅雨が明け、真夏の太陽が照りつけるようになるとムクゲの季節となる。朝露を受けて開く姿は、蔓草のアサガオに似た風情がある。そのために、古くアサガオと呼ばれたこともあって、秋の七草に登場する朝貌の花はこのムクゲだとも云われたが、時代考証的にこれは誤りで、七草のアサガオはキキョウのことだということになっている。

夏空に映える鮮やかな花色

ムクゲは意外に花色豊富で、赤紫色、藤色、白、うす紅色のほか、底紅と称する、花が赤く彩られるものがあり、なかでも白花で底紅のものは俗に〝日の丸むくげ〟と呼ばれる。この色合いのものは古くからあったようで、有名な茶人、千宗旦《せんのそうたん》(一五七八―一六五八)が朝の茶席に好んで活けたというところから、〝宗旦むくげ〟とも云われる。色彩のほか、八重咲き種、大輪種もあり、かなり園芸品種が多く、アメリカで改良されたものには、鉢植えむきの矮性種もある。フヨウ属の中では耐寒性に富むため、北海道のような寒冷地でも庭植えで楽しめる。また刈り込みが容易なため生垣《いけがき》にされることも多い。生垣もよいが庭植えにして大きく茂らせて咲かせると、沢山の花を咲かせて見応えがあるし、日の丸むくげなどは、その白地に底紅のコントラストが夏空に映えて思わず見とれるほどに美しい。花木類は意外に長期間咲き続けるものが少ないが、ムクゲは梅雨明けとともに咲き出し、十月に入るまでの長期間咲き続ける良さがある。一日花であるが、日々次々と咲き続け長い間楽しめる。こうなると、槿花一朝の夢とは云い難くなる。

非常に丈夫な花木で、九州あたりでは野生化しているところもあるそうだ。花後よくタネがなり、こぼれダネでもよく発芽して育つので野生化することもあるのだろう。

丈夫で育てやすいが、美しいものにはなんとやら、と云われるように意外に害虫がつきやすい。新梢が伸び出すと必ずといってよいほど、群がりつくのがアブラムシ。あまりひどくつくと花付きを悪くすることもあるが、それほどの障害を受けることは少なく、そのうちにアブラムシに打ち勝ってしまう。アブラムシより困るのはハマキムシの被害だ。葉を巻いて中に青虫がひそみ葉を喰べてしまう。巻いた葉を開くと、虫糞とともに小さな青虫が踊り出てくる。少しなら葉をひろげて青虫を捕えて殺せるが、多くなるとそうもいかない。といって巻いた葉の中にひそむので、普通の殺虫剤では青虫に薬がかからず駆除できない。そこで、葉の表面に薬を撒くと成分が裏まで浸透して薬効を現わす浸透性殺虫剤を用いるのがよい。このハマキムシを初め、シンクイムシなどにも効果がある。殖やすのは簡単で、二〜三月、剪定や刈り込みをした枝を捨てずに挿しておくとよく根づく。

はまなし

Rosa rugosa Thunb.

北国の海辺も夏が過ぎ秋が訪れ始めると、野生するハマナシの実が赤く色づく。扁球状のやや大きい果実はいかにも美味しそうである。昔、海辺の子供達は、その果実をおやつ代わりに食べたという。浜に生え、梨のように食べられる実がなる、というところからハマナシと名づけられた。浜梨の意である。

以前、TBSラジオの全国こども電話相談室で、ある子供から、「ハマナスはどうして茄子という名がついているんですか?」と聞かれた。

世間一般ではハマナシとは云わずハマナスと呼ぶ。野生の多い東北の人達はシをスと発音するため北国ではハマナシがハマナスとなる。北海道でも同様である。森繁久弥《もりしげひさや》が歌い一躍有名になったのが「知床旅情」の歌。ここでハマナシはハマナスと歌われている。ハマナスという名が認知されてしまったのも、この歌の影響が大きいように思う。

さてこのハマナシ、わが国に野生するノバラの一つで、北海道には海岸線全域、太平洋側は茨城県、日本海側では北陸以北の海辺に野生する海浜性植物で、世界中のノバラの中でも最大輪で美しいバラ色の花を咲かせ、すばらしい香りを放つ。葉は濃緑色で葉脈に沿って皺がある独特な葉であるとともに茎には細い刺が密生し、とても手では摑めない。七月の北海道は花の季節で、ライラックが咲き出すと、それに続いていろいろな花が咲くもっとも楽しい季節だ。オホーツク沿岸には、あちこちに、野生の花が美しい原生花園

和名 ハマナシ
科名 バラ科
学名 *Rosa rugosa* Thunb.

がある。エゾスカシユリ、エゾゼンテイカとともにそのメインとなるのがこのハマナシの花であろう。厳しい冬の風雪に耐え、やがて訪れる夏に、鮮やかな大輪の紫紅色花を開いて短い夏を謳歌する。その姿は、見る人の心に染み入る美しさと云えよう。

北の果て、礼文島は海岸線から高山植物が見られる処として、アルパイン・プランツを楽しむには最適の島だが、海岸線の黒々とした岩場にこびりつくようにして生えて花を咲かせるハマナシにも心ひかれる思いがする。

元来が北国の海浜性植物であるが、関東以西でも植えてみると意外に丈夫で、野生のものより大きく育ちよく花を咲かせる。ただし花の色は北国ほど鮮やかではなく、ややぼけた感じとなるのは止むを得ないだろう。

最近はハマナシの苗がかなり売られるようになったので手に入れるのは容易になった。一般の四季咲きバラは軽い火山灰土の土地では育ちが悪いがハマナシはこのような土地でもよく育つ。ただし日当りはよい方がよい。庭植えではかなり大株に茂るのでゆったりとスペースをとって植えた方があとで困らない。

芽先にアブラムシがつき易いので時々殺虫剤をかけて駆除するとよい。五～六月によく咲くが、咲き終った花房をすぐに切っておくと腋芽が出て再び花をつけてくれる。四季咲きではないが、この処置をすると秋までポツポツと花をつける。

第三章

秋の花

ききょう

Platycodon grandiflorum

山上憶良詠む秋の七草の歌の末尾に登場する「朝貌《あさがほ》の花」というのがあるが、これはキキョウのことだと云われる。アサガオというと、夏の早朝を飾る蔓《つる》を伸ばしながら茂り花開く朝顔を思い浮べるが、このアサガオは中国からの渡来植物で、この歌が詠まれた時にはまだ渡来していなかったようで、どうやら別の植物であるらしい。ということで、古くムクゲをアサガオと呼んでいたことがあり、ムクゲ説もあったが、これも時代考証的に違う、ということになって、その結果、わが国に野生し、晩夏から初秋へかけて咲くキキョウ説が登場し、一応これに落着いている。

この三者、較べてみると、秋の風情を感じさせるのは、やはりキキョウであろう。晩夏から初秋へかけて山野の草原に、すっと茎を立て、その頂きに、星型に五弁に開く鐘状花が立ち始めた秋風にゆらぐ。桔梗《ききよう》色と云われるその紫紺の色も、秋の訪れに相応わしい。山上憶良ならずとも詩心をくすぐられる花である。

最近は、その野生は少なくなったが、昔は各地の山野にごく普通に見られた野の花で、美しきなるがゆえに古くから庭に植えられて楽しまれていたし、茶花としても愛用されていた。その花は家紋としても用いられ、明智《あけち》光秀《みつひで》の紋所であったことはよく知られている。

園芸が異常に発達をした江戸時代、幾つもの園芸品種が誕生をしている。花色も、紫紺のもののほか、白花、紫紺と白の絞りのもの、淡桃色のものもあるし、二重ねになる八重

和名　キキョウ
科名　キキョウ科
学名　Platycodon grandiflorum

咲き、花が開かず、蕾が大きく膨んで風船のような型をした袋桔梗、丈低く、葉が縮みのある濃緑色の渦桔梗などなど、明治以降に切り花用として栽培されることが多くなり、極早咲きの品種が登場してきた。

「キキョウっていつの花？」

と問うと殆どの人が、

「秋の花」

と答える。

「それじゃ、秋にキキョウを売っているか？」

と問うと、しばし考えてから、

「そう云えば、売っているのは六月から七月へかけてだナ……」

実際、キキョウの花が多く出廻るのは秋になってからではなくて初夏である。これは早咲き種が登場してからで、その後栽培されるキキョウは、ほとんどがこの早咲き種になってしまい、現実的には、キキョウは秋の花でなく初夏の花になってしまっている。この早咲き種のキキョウは梅雨の頃に咲くので「五月雨桔梗」という。

以前、活け花の方では、秋の花として多く用いられてきた。ところが、五月雨桔梗になってからは、その切り花も初夏に出荷され、秋には出て来なくなってしまった。あるお華の先生が困って、さる種苗会社の社長に、遅咲きの桔梗を改良してほしいと頼んだ。八ヶ岳山麓に農場をもつその種苗会社では、社長命令で遅咲き桔梗の改良に取り組んだ。

今から二十年ほど前だろうか、八月末に車で信州へ出掛けた帰途、その農場へ立ち寄ったことがあった。……と、農場の一隅に咲き始めているキキョウがあるではないか。近辺の山から採ってきたものかと聞いてみると、社長命令で遅咲き種の改良を行ってほぼ完成したものだと云う。なんのことはない、開花期を元へ戻したわけである。その後、この品種、「晩生桔梗」の名で売り出された。お華の先生方も、これで秋の季題として安心して使えるようになったわけだ。

さて、このキキョウ、観賞用草花としてのほか、重要な薬草でもある。その根は〝桔梗根〟と称し、鎮咳薬として薬局法にも納められ、今でも鎮咳薬には、この桔梗根が使われていることが多い。中国にも野生し漢方でも重要な薬草の一つで、キキョウの名は中国名桔梗の日本読みと云われる。

非常に丈夫な宿根草で、日当りのよい処へ植えておくとよく育って梅雨時に花を咲かせるが、そのままにすると半月ぐらいで咲き終ってしまう。咲き終った花がらをまめに摘みとって結実させぬようにすると、わき芽を出して再び花を咲かせ、これを繰り返すと九月ごろまで咲き続ける。

ふじばかま

Eupatorium fortunei

これも秋の七草の一つ。他種は、いずれもわが国に野生し、初秋の野辺を飾る草花だが、フジバカマだけは中国原産の渡来植物だ。たぶん、奈良時代、あるいはそれ以前に中国からもたらされ、野生化したものらしい。

フジバカマが何故わが国へもたらされたか、これは香りの草としてである。中国では古くから、香りのよい草として親しまれてきた。そして、この草を蘭草と称したという。蘭という字は、今では専らラン科植物のことを指しているが、元々はフジバカマのことであったようだ。更に、この字はフジバカマというより、香りのよい草の総称であったらしい。その後、このフジバカマが香り草の代表とされて蘭はフジバカマのことになったようだ。ところが、その後、香りのよい花として人気を得た今日云われるランが賞でられて、これを香りのよい花、蘭花、というようになった。そして、フジバカマは蘭草として区別したという。フジバカマは花にはかすかな香りがするがよく嗅がないと解らないほどの匂いで、香りがするのは専ら葉の方だ。といって、葉を摘んで嗅いでみても少々青臭い。ところが、

和名 フジバカマ
科名 キク科
学名 Eupatorium fortunei

この葉を乾かして揉むと素晴らしくよい香りを放つ。その香りはラベンダーの香りによく似ている。昔、中国ではこの乾葉を布袋に入れ、香り袋として楽しんだそうだ。チャイニーズ・ポプリ・サシェというわけだ。わが国へはその習慣とともにもたらされたらしい。

フジバカマはキク科の多年草で、茎は人の丈ほどにも伸び、秋の訪れとともに、茎頂に藤色の細かい頭状花を散房状に房咲きする。派手ではないが、その姿、いかにも秋らしい風情があって優雅な花だ。

この仲間、フジバカマ属には多くの種類があり、わが国にも、山地でよく見かけるヒヨドリバナやサワヒヨドリ、ヨツバヒヨドリなど数種類があり、外国産種には園芸化された種類もある。ただし、葉に香りをもつのはフジバカマだけのようだ。

最近、秋になると、園芸店でフジバカマと称する鉢植えが売られている。一見、フジバカマに似ているが、これは同属異種の偽フジバカマで本物ではない。まず、葉を乾かして揉んでも匂いはしないし、葉型も少々違う。花色は、フジバカマよりも濃く、フジバカマが緑茎であるのに対して、こちらは紫がかる。

本物のフジバカマは昔はわが国各地に野生化し、河原などに群生することが多かったが、現在では野生化したものがほとんど見られなくなってしまった。その為に、絶滅危惧種に指定され、幻の花となりつつある。植物園などにはよく植えられているので、本物を見たければそのような処へ行くより仕方がなくなってしまった。

どうしてこのように急速に姿を消してしまったのだろうか。帰化植物には、往々このように広く野生化していたものが急速に姿を消してしまうことがある。空地という空地を占領して花粉喘息のはしりとして騒がれたブタクサも、近頃は探さないと見つからぬ処が多い。

フジバカマは性質に何か欠点があるかというとそうでもない。栽培してみると意外に丈夫でよく殖えるし、よく育つ。自然界で、どうしてこれが絶滅危惧種にまでなってしまったのか、なんとも不思議である。冬になると茎葉は枯れて根株だけを残して冬越しをする。殖やすには春先冬越しをした株を掘り上げて株分けをすれば容易に殖やせるが、五月頃、伸びてくる枝先を切って挿し木をしてもよくつく。植え場所は、日当りさえよければあまり選ばない。鉢植えでも作れるが、大型の宿根草のため、10号以上の大鉢植えで育てるとよく育つ。病虫害は比較的少ないが、葉に白黴の生えるウドン粉病が出易い。

乾燥葉を作るには花が咲く頃に葉を採って日陰干しにして乾かすが、生乾きの時が最もよく香る。香り袋として楽しむほか、この葉は浴用剤としてもよく、たぶんラベンダーと同様な効果があると思われる。このほか、煎用すると利尿、黄疸、通経にも効果があるとされるなど、なかなか利用価値が高い植物でもある。

りんどう

Gentiana scabra var. buergeri

秋風が冷たさを加える頃、里山の雑木林を散策すると、咲く花も少なくなった下草の中からなんとなく弱々しく茎を立てて、その頂きに紫紺の、先が星型に開く筒長の鐘状花を上向きに咲かせる花を見かける。リンドウの花だ。侘《わび》しげな花だが、花の少なくなるこの季節に心に残る野の花である。

リンドウは竜胆と書く。これは漢名で、リンドウの名はこの竜胆の唐音から転化したと云われる。この根は竜胆根と称し、漢方では重要な健胃剤として用いられてきたが、西洋でもこの仲間の根がゲンチアナ根の名で、竜胆根同様健胃剤として重用されているが、どの種類が用いられてきたのか寡聞にしてよく解らない。中国やわが国のリンドウとは別種のものだろう。

リンドウの仲間はアフリカ大陸を除く各地の温帯域に分布し、五〇〇種に及ぶ大一族で、花時もリンドウのような秋咲きのもののほか、春咲きのもの、夏咲きのものなど、春から秋へかけていろいろな種類が続いて咲く。わが国にも春咲きの可憐なフデリンドウやハルリンドウ、コケリンドウなどが野生するし、このほか、亜高山帯の夏に咲くオヤマリンドウや北海道に多いエゾリンドウは、切り花用として改良が進み岩手県などで多く栽培されている。秋の声を聞くと、園芸店の店先に丈低く、たくさんの花をつけるリンドウの鉢植えが並ぶ。これは九州などのリンドウの矮性種を改良したもので、この矮性種の鉢物用種

和名 リンドウ
科名 リンドウ科
学名 Gentiana scabra var. buergeri

は改良が進み、花色も紫紺色のほか、桃色や白色種、更に大輪系の品種までできている。昔は山野草として扱われていたリンドウも、最近は、すっかり園芸用宿根草花となってしまった。

†世界中で愛される花

わが国にはこのほか、中部以南に野生し、伊勢の朝熊山《あさまやま》に由来するアサマリンドウや、高山植物として知られ、黄白色地に緑色の細かい斑点がちりばめられるトウヤクリンドウ、同じく高山の草原に野生する小型のミヤマリンドウなどいろいろな種類があるが、花の美しい種類が多いのはヨーロッパの山岳地帯だろう。七月頃、アルプスを訪れると、日当りのよい草地に眼も醒めるようなコバルトブルーの花を咲かせるウェルナ種、小型の草姿に似合わぬほど大輪の紫紺色花を咲かせるクルーシー種やアコーリス種など、思わず足を留めて見ほれてしまう。これらはむこうではエンチアンと称し、アルペンローズ（アルプスのシャクナゲの一種）、アルピニスト憧れの花エーデルワイスとともにアルプス三大名花の一つとされている。これらはいずれも夏咲きの小型種だが、草丈一メートルにも及ぶ大型種もある。

わが国ではリンドウというとその花色は青、というイメージが強いが、アルプスには赤紫色のパンノニカ種やプルプレア種や、黄色花のルテア種やプンクタータ種という種類もある。日本人にとっては、黄花のリンドウは珍しいが、この中のルテア種は細弁星型の花を咲かせ、葉もバイケイソウに似た大型で、「これがリンドウの一種？」とちょっと信じられないほどだ。変わった花色といえば、カナダからアラスカへかけて野生するグラウカという種類がある。草丈一五センチメートルぐらいの小型種で、花は細い筒状で先端の開きは悪いが、その花色がなんとも不思議な色で、くすんだ青インクと云おうか、美しくはないが一度見たら忘れられない色だ。

南半球にも仲間がある。オーストラリアやニュージーランドの山岳地で見られる秋咲きのリンドウで、草は小型で、数種類あるが、いずれも花は白い星状の花が咲く。

切り花用に栽培されるエゾリンドウやオヤマリンドウは冷涼地でないと栽培がややむずかしく一般的ではないが、鉢物として出廻る矮性種はポイントさえつかめば家庭でも育てられ毎年花を楽しめる。春から伸びる新芽は挿し芽をするとよくつき、これを苗にして夏までに二〜三回芽摘みをして育てると丈低く、こんもりと茂って姿形よく秋に咲いてくれる。

園芸的には専ら改良品種を育てることになるが、リンドウらしい侘しげな風情は、やはり林下にひっそりと咲く野生のリンドウには及ばない。

ひがんばな

Lycoris radiata

秋風が吹き、彼岸の季節になると、あちこちの田圃の畦や川の土手を真っ赤に染めてヒガンバナの花が咲く。わが国に野生する野の花の中でこれほど赤い花を集団で咲かせる花はないだろう。一名マンジュシャゲと云われるが、マンジュシャゲとは梵語で、曼珠沙華と書く。

別に「ハミズハナミズ」とも云う。これは〃葉見ず花見ず〃の意で、この植物は球根植物だが、他の球根植物とは違って、花時になると、葉が出る前にいきなり花茎を伸ばして花を咲かせる。花時に葉がないので「葉見ず」というわけだ。葉は、花が終ってから出始め、翌年の春まで茂っているが、葉が出ている時には花がない。「花見ず」というわけである。

わが国の東北以南各地に広く野生しているが、元来、わが国の植物ではなく、中国が生れ故郷で、古く渡来して野生化したようだ。どのような経路で渡来したのかは定かではないが、一つは人手によって持ち込まれたという説。もう一つはその球根が海に流されて対岸の九州の海辺へ打ち上げられて野生化したという説。前者の人手説は、持ち込んだ理由があった筈で、中国からの渡来植物の多くは薬用植物としてだ。ヒガンバナは有毒植物であるが浮腫《むくみ》とりなど薬用にも用いられるから、この説、あながち間違いとは云えない。後者の海流説。揚子江中流域にはヒガンバナの野生が多いそうで、洪水の際その球根が土手

和名　ヒガンバナ
科名　ヒガンバナ科
学名　*Lycoris radiata*

の土とともに流される。流された球根はやがて東支那海へ出る。その対岸は九州というわけである。海流によって果実や種子、球根が流されて分布をひろめる植物はけっこうある。有名なのがココヤシの果実、南国から流れに流れて伊良湖岬へ流れ着いたのが「椰子の実」の歌になったが、記録によると北海道にまで流れ着いたことがあるという。ただし、わが国では冬の寒さで居着くことはできない。

この他、ニホンスイセンは中国南部海岸に野生するシナスイセンの球根が海に流され、黒潮に乗ってわが国の海岸へ打ち上げられ野生化したと云われるし、暖地の海岸に野生するハマユウは南太平洋の島々から種子が流されて居着いたものと考えられている。ハマユウのルーツをたどると、なんとアフリカ大陸が発祥の地らしく、その種子が印度洋、南太平洋を経て各地に居着き分化したもののようだ。そして興味あることには、ニホンスイセン、ハマユウとともにヒガンバナ科の植物であることだ。私がヒガンバナ渡来に海流説をとる一つの理由がここにある。

†飢饉対策として全国に広まる

さて、渡来説はいずれにしても、この植物、あれだけ多くの花を咲かせるが、全くの生まず女《め》植物で種子ができない。野生植物は種子が撒き散らされて分布をひろめるのが定石である。ヒガンバナは球根で殖えるが、これはいくら殖えても土の中で、遠隔地へ移動はできない。そのヒガンバナが渡来後各地に分布をひろめたのは何故であろう。いろいろ調べられた結果、これは人手によってひろまったことが解った。球根であるから、いつでも掘って持ち歩きやすい。ということは、この植物、何か役立つ面があったのではないか。実はこの球根にはアルカロイド・リコリンなどの有毒物質が含まれるが、含まれる澱粉自体は無毒で、昔の人は、この澱粉だけを取り出す工夫をして、飢饉の時の食用にしたのだそうである。何もこのような有毒植物を利用しなくとも、と思うが、それだけ大昔は厳しい生活を強いられることが多かったのだろう。

ヒガンバナの仲間はリコリス属と云い、中国やわが国に幾つもの野生種がある。中国産のものではピンクの花のナツズイセンやスプレンゲリーなど、九州南部から沖縄、台湾へかけて分布する黄花のオーレア、ヒガンバナとオーレアの雑種と云われる白花のアルビフロラ、各地に多く野生する樺色の花の咲くキツネノカミソリなど、また最近は交配改良品種もあって、秋の一時美しい花が次々と楽しめる。葉は花後出るが、中にはナツズイセンのように、夏に咲き、翌春に葉を出すものもある。丈夫で一度植えたら掘らずにそのままにしておいた方が花立ちがよくなる。時々、花立ちしないことがある。どうやら疲れて一休みすることがあるようだ。

しゅうかいどう

Begonia evansiana

晩夏から初秋へかけて、和風の庭などに、ピンクの花を優雅に垂れ下げて咲く草花をよく見掛けるが、これがシュウカイドウの花である。秋海棠と書くが、これは春に咲く花木のハナカイドウの花に似て、秋に咲くところからつけられた名で、ハナカイドウとは全く縁のない植物である。

いわゆる洋花と称する中に、ベゴニアというのがある。花壇を彩る四季咲きベゴニア、見事な大輪花を咲かせる球根ベゴニア、葉の模様が面白い観葉ベゴニア、葉、花ともに美しい木立ちベゴニアなど多くの種類があり、愛好者が多く同好者の団体まである。これらの多くは中南米原産の種類から園芸化されたものだが、シュウカイドウは中国南部からマレー半島へかけて野生するベゴニアの一種である。ベゴニア類はいずれも熱帯原産で、寒さに弱く、わが国ではよほどの暖地でないと戸外での冬越しは無理だが、シュウカイドウは亜熱帯産にもかかわらず耐寒性があり、わが国でも戸外で容易に越冬をする。ベゴニア類では唯一寒さに強い種類だ。

和名 シュウカイドウ
科名 シュウカイドウ科
学名 Begonia evansiana

わが国へは十七世紀、寛永年間に中国より九州へもたらされたと云われ、庭園に植えて楽しまれてきたが、わが国の気候風土が気に入ったとみえて、各地で野生化しているところがあり、帰化植物の一つにもなっている。

私もかつて奥多摩で野生化した群生を見たことがある。急傾斜の杉林の下一面に群生しピンクの花を咲かせる姿は、ほの暗い杉林の下によく映えてしばし見とれたものだった。

何故、こんな処に野生しているのだろうと不思議に思ったが、群生地の上に一軒農家があり、どうやらそこで植えられたものが傾斜面を下へ下へと珠芽《むかご》がこぼれ落ちてひろがっていったものらしい。

シュウカイドウは、他のベゴニア同様雌花と雄花があり、雌花には種子を結んでこれによっても殖えるが、腋芽が発達して珠芽を作り、これがこぼれても殖える。殖やすにはこの珠芽を採って植えるのがやり易い。園芸的には秋咲きの宿根草として扱われているが、地下に塊茎を作る球根植物で、一種の球根性ベゴニアと云える。

一般には、原種である緑葉でピンクの花を咲かせる種類だが、白花種もあり、普通種より葉がやや小振りで切れ込みがあり、花色も、白花だが僅かにピンクがかる。このほか、ウラベニシュウカイドウといって、葉裏が赤っぽい色をした品種もある。

ベゴニア属の植物は数百種もある大一族で、異種間の雑種もできやすく、そのために多くの園芸改良種があるが、欠点はいずれも寒さには弱くわが国では戸外越冬ができないことである。その点シュウカイドウは唯一耐寒性があり、耐寒性ベゴニアの改良の片親として使われ出しているが、未だに目的とする耐寒種は登場していないようだ。バイオテクノロジーの発達した今日、耐寒性ベゴニアの改良も不可能ではないと思う。大いに期待したいものだ。

多くの植物の葉は、中心の主脈から左右対称となっていることが多い。ところが、シュウカイドウの葉は、心臓形をしているが、よく見ると不整形で、中心線から左右大きさが違っている。片側は大きく反対側は小さい。ベゴニア類の葉は、このような不整形の心臓形をしているものがほとんどで、花言葉が、片想い、と云われるのもこの葉型に由来しているらしい。

†日陰でも簡単に育てられる

近頃は住宅地も建て込んできて日当りの悪い処が多くなってきた。そのために、日陰地に適した植物がクローズアップされ人気を呼ぶようになった。しかし、観葉的な種類が多く、花物類で適したものは少ない上に、地味なものが多い。その中で、明るい彩りを添えるのがこのシュウカイドウだ。かなりの日陰地でもよく育ちよく花をつける。ベゴニア類の中では、和風的なムードを持ち、和風の庭には是非ほしい草花である。

球根植物だが一度植えておくと放っておいても毎年芽を出して咲き、珠芽がこぼれて年々殖えてゆく。特に手入れという手入れはいらないが、日陰から半日陰の処がよく日向では弱ってしまう。正に日陰地むきの草花である。

きく

Chrysanthemum morifolium

秋が深まると全国どこへ行っても菊の品評会に出会う。古くから、これほど人気があり普及した花はないだろう。

皇室の紋章でもあり、キクは日本原産の植物と思っている人も多いようだが、実は日本原産ではなく中国原産で、唐渡り植物の一つだ。

奈良時代の末頃、不老長寿の薬草として渡来したと云われ、秋に咲く花が美しいため、わが国では専ら観賞用草花として賞でられるようになったようだ。ちょうど花時の旧暦九月九日、重陽の節句には、宮中では菊の花びらを浮かせた菊酒を飲み長寿を祈願したと云われ、また、大宮人の間で菊作りが流行り、「菊競い」なる品評会まで行ったらしい。一方、女官の間では、色づいた菊の蕾に真綿をかぶせて一晩置き、翌朝、夜露に濡れ、菊の香を含んだその真綿をとって化粧をしたという。若返ると信じられていたようだ。現代の美顔術の走りとも云えよう。今日、やってみたら意外に流行るかもしれない。

これを著綿《きせわた》というが、これも不老長寿の薬草ということに由来しているのだろう。

和名 キク
科名 キク科
学名 Chrysanthemum morifolium

その後鎌倉時代には武家の間でも菊作りが流行し、一般大衆化したのは室町時代になってからと云われる。やがて、たいへんなガーデニング・ブームであった江戸時代に入り、盛んに品種改良され、全国各地へ普及して、各地で独特なキクが誕生している。東北の奥州菊、江戸の江戸菊、美濃の美濃菊、伊勢松坂の伊勢菊、京都の嵯峨菊、九州肥後の肥後菊など、それぞれユニークな品種群が生れて今日まで継承されている。こうして江戸時代末までには、いわゆる和菊と称される日本の菊が完成したのである。それとともに、栽培技術も発達し、現代の栽培法の基礎は江戸時代に確立したと云ってもよいほどだ。

わが国へ渡来したキクは、独特な発達をして和菊が完成したが、その後、欧米へもたらされたキクは、あちらの人好みに改良され、明治以降、わが国へも入ってきて、洋菊という名で一般化し、秋の菊花展用栽培以外では、切り花にしろ鉢物にしろ、最近はほとんどがこの洋菊系の品種が大部分を占めている。

一口にキクと云っても、その草姿、花容、花色は実に千種万様で、園芸植物の中で、これほど変化に富んだ植物も少ないだろう。豪華な大輪咲き、切り花に手頃な中輪咲き、可憐な花を群がり咲かせる小輪咲き、花の形も一重あり八重あり、更に花びらの多い千重咲きあり、大輪で毬のような花を咲かせる厚物咲き、細い管状の花びらの管咲き、細く切れた弁が垂れ下がる伊勢菊、反対に立ち上がって絵筆状となる嵯峨菊などなど、実に多様である。中でも面白いのは、江戸菊で、中輪、半八重咲きの花は、開き切ると、花心に向かって花びらが、渦を巻くように巻き込むという変わった性質があり、これを江戸の人々は、菊が芸をすると云って楽しんだという。

キクは秋の花であるが、花屋には一年中売られている。元々キクは秋に日が短くなって花を作る短日植物で、自然状態では秋にしか咲かない。ところが花芽の出来るメカニズムが解ると、日の長さを人工的にコントロールすると一年中いつでも咲かせられる技術を確立してきた。周年花屋に出廻るのはその技術の発達のお陰である。

菊作りは手がかかって素人にはむずかしいと思われがちだが、品評会目的でなければ、ポイントさえつかめばそれほどむずかしいものではない。

菊作りのスタートは、四~五月に伸びてくる新芽の先を切って挿し芽をして発根させ、これを苗として育てることに始まる。植えっ放しでも次の年に芽が伸びて秋に咲くが、花時には葉がほとんど枯れてしまい、よい花は咲かない。これは花時までに、根が老化してしまうからで、四~五月に挿し芽をするとそれから発根するため、花時になっても根があまり老化をしていないので葉が落ちにくい。挿し芽から育てるのは一種の若返り法でもあるし、一面、葉を枯らす病気のある程度の予防にもなる。八月まで充分に肥培し、病虫害の防除を忘れずに行えば、秋には美しい花が咲いてくれる。

こすもす

Cosmos bipinnatus

赤トンボが秋空に舞うようになると、わが国のあちこちにコスモスの花が咲き乱れる。すっかり、秋の風物詩になり切ってしまったこのコスモス、誰にでも愛される草花の一つである。休耕田などを利用して大群落を作り、観光名所になっている処も多い。

コスモスを観光的に扱うようになったのは、かなり以前、佐久から神津《こうづ》牧場へ抜ける街道筋に土地の老人クラブの人達が植え、これが人気を呼んだのが始まりのようである。

このコスモス、日本の風景にとけ込んで、日本の花然としているが、元々はメキシコ高原の植物で、明治時代に渡来し、日本人の心にフィットしたのであろう。忽ち日本全国にひろまり、わが国の秋を飾ってくれる。そのために秋桜という名が付けられたが、オオハルシャギクという名もある。

生れ故郷のメキシコ高原では、十月に入ると至るところにコスモスの大群落がピンクのカーペットを敷きつめる。その見事さはわが国のコスモス畑の比ではない。時にはこれに黄花のビデンスやアワユキセンダングサの白い花が入り混じり、この時期にはメキシコ中南部の高原地帯は百花繚乱で、美しい野生の花々が大地を飾るが、その主役をなすのがコスモスである。野生のものは稀に白花のものもあるが、ほとんどがピンクの花で、花容は園芸種と大差がなく、かなり大輪咲きのものもある。

コスモスは日が短くなると花芽を作り、秋に咲くキクと同様の短日植物で、秋咲き草花

和名　コスモス
科名　キク科
学名　Cosmos bipinnatus

の代表的なもので秋桜の名を得たが、戦前、日の長さに関係なく、草があるていど育つと咲き出すものが見出され「早咲きコスモス」の名で売り出された。なんでも早生のものが喜ばれる風潮に乗ってその後市販されるコスモスは、ほとんどがこの早咲き種になってしまった。

「春に播いたコスモスが、初夏になったら咲き出してしまった。何か悪いことがあるのでは……」

こんな質問を時々受けるが、現在売られている品種の多くは早咲き種であるため、初夏から咲いて当り前、別に心配することはない。

そしてきちんと手入れをすれば次々と秋まで咲き続ける。昔の遅咲き種は春に播いても秋にならぬと咲かず待遠しかったが、早咲き種は初夏から秋まで長期間楽しめるようになった。

†色とりどりの花色

ふつうコスモスというとビピンナツス種を指すが、この仲間に、やはりメキシコ産の、オレンジ色の花を咲かせる「黄花コスモス」というのがあり、同地のロードサイドによく群生しているが、早咲きでこぼれダネでもよく殖えるほどだ。オレンジ色のほか黄花のものもあるが、赤花がなかった。ところが、わが国で岩手県在住の故橋本昌幸氏が二十年の歳月をかけてみごと赤花種を改良し、四十年ほど前に、全米花卉《かき》審査会（AAS）で、めったにとれない金賞を受賞し一躍有名になったものである。サンセットという品種名がつけられているが、橙赤色の花色を夕映の美しさに模して付けられた名前である。その後、丈の低い矮性種も出来ている。

コスモスの改良種は日本で多く行われていて、ビピンナツス種にはなかった淡黄色花を咲かせるイエロー・ガーデンという黄花種は玉川大学で改良された画期的な品種であるし、これを基にサーモン色の品種もできている。ただしこれは遅咲きで秋になって咲く。このほか白で赤の縁どりのピコティという品種、赤と白の絞りの品種など国産品種がいろいろとある。これも日本人の心にフィットした花なるがためであろうか。

丈夫な春まき一年草だが熱帯高地の植物のため日本の夏の暑さには少々弱く、夏に咲く花は冷涼地以外では貧弱になりやすい。早咲き種は、月一回追肥してやると秋まで大株になって咲く。狭い庭では大きくなり過ぎて困ることがあるが、北地以外では、七月末頃に播くと手頃な大きさで秋によい花が咲いてくれる。秋に売られている開花株はこのようにして仕立てられたものだ。早咲き種は自家採種をしていると元の遅咲き種に戻りやすいので毎年よい種子を買って播いた方がよい。

もくせい

Osmanthus fragrans var. aurantiacus

彼岸が終る頃から十月へかけて町中を歩くと、どこからともなく素晴らしくよい香りが漂ってくる。ああ、モクセイが咲き出したナと、秋深まるの感が深い。

春のジンチョウゲ、秋のモクセイは、香りの常緑花木の両横綱だ。この二種、面白い共通点がある。どちらも生れ故郷は南中国で雌雄異株の常緑樹。加えてわが国へ渡来したものは両種とも雄株で、あれだけ沢山の花をつけても実が生《な》らない。そして、ジンチョウゲの香りに春の訪れを知り、モクセイの香りに秋を知る。

モクセイの仲間は、最も多く植えられているのは黄樺色のキンモクセイで、これは黄白色花を咲かせるウスギモクセイの枝変わりとして見出されたと云われる。もう一種純白色花を咲かせるギンモクセイというのもある。

中国ではモクセイの花を桂花といいキンモクセイを丹桂、ウスギモクセイを金桂、ギンモクセイを銀桂という。丹桂の丹は赤い色を意味し、赤ではないが、最も色が濃いのでオーバーに表現したものだろう。これらの故郷は南中国の観光地として知られる桂林で、町中、モクセイが植えられている。以前桂林を訪れたおり、むこうの人に、これが咲いたらその匂いがすごいだろうなア、と云ったら、実際に花時にはその香りに、町中が包まれるという。是非花時に来て下さいと云われたがまだ果たしていない。同地ではこの花の香りを利用して、桂花酒や桂花茶が作られて同市一番の土産品となっている。桂という字は、

和名 モクセイ
科名 モクセイ科
学名 Osmanthus fragrans var. aurantiacus

わが国ではカツラに当てられるが、中国ではモクセイを指しているようで、モクセイ類の総称を巌桂というそうだ。

わが国へはギンモクセイの方が早く、十七世紀に発刊された『大和本草』にモクセイの名で記されているし、キンモクセイは十八世紀初期の『広益地錦抄《こうえきちきんしょう》』にその名が登場しているのでその頃に渡来したものであろう。

静岡県三島市の三嶋大社には「その香り、一里四方に匂う」と云われ、天然記念物になった大木があるが、これなどは渡来初期に植えられたものであろう。一里四方に匂う、とは誇張した表現であろうが、実際にその木を見ると、或いは「本当かも？」と思うほどの大木で、これほどの大きいモクセイの木は、わが国では他にないのではなかろうか。

†空気汚染に弱い

わが国で一般に植えられているのは、多くはキンモクセイで、東京の都内にも昔から数多く植えられていてその香りが楽しまれてきたが、戦後しばしの間、このモクセイがあまり咲かなくなった時期がある。モクセイは空気汚染地帯では花つきが悪くなる性質があり、丁度、この時期、大気汚染がひどくなり紫外線量が少なくなったのが大きな原因であったようだ。ところが近年、都内のモクセイが再びよく花をつけるようになった。これは工場などの排煙規制を厳しくするようになり、都内の空気が以前よりきれいになった為だろう。排煙規制を定めた当時の美濃部都知事に感謝しなければならない。大気汚染の指標木になるのではないだろうか。

日当りが悪いと花つきが悪くなるため、日当りのよい処へ植えるのがポイントで、狭い庭で日当りの悪い処にはむかない。日当りがよい処でも、庭などで他の木にはさまれて側面に日が当らなくなると樹の上部にしか花がつかなくなる。樹形を整えるには三月頃、軽く刈り込み剪定をするが、また五月以降に刈り込むと花がつきにくいし深く切りつめると花つきが悪くなる。

キンモクセイは、九月末から十月にかけて咲くが、年によって十月末から十一月初めに、二度咲きすることが時々ある。その理由はよく解らないが、夏から秋へかけての温度変化など気象的要因によるものだろう。

モクセイの花時はしばしば台風に襲われる。満開であったものが風雨に打たれて一度に花を落してしまいがっかりするが、落された花が株の下一面に敷きつめられて金樺色の絨《じゅう》緞《たん》を敷きつめたようになる。散りサザンカという言葉があるが、これは正に散りモクセイで素晴らしい眺めとなる。

モクセイの花が終ると、殿《しんがり》を受けてサザンカの季節になる。

ほととぎす

Tricyrtis hirta

鳥の名前と同名の植物というと、なかなか頭に浮ばない。サギソウ、ヒヨドリバナなど末尾に花や草などのつくものは間々あるが、鳥名そのものずばりとなるとホトトギスぐらいだろうか。花びらの内面に散らばる紫斑がホトトギスの胸毛の模様に似るところから付けられた名と云われる。よく見れば、ホトトギスの胸模様とそれほど似ているとは思えないが、なんとなく、なる程なア、と思うほどに同様なムードがある。

ホトトギスの花はなかなかユニークだ。六弁に開く花の中央に、雌蕊を取り巻いた雄蕊の花糸が塔を立てたように突き出し、雌蕊の先端が裂けて半転し、ちょうど、蛸が逆立ちしたような形となる。

ホトトギス類は東アジアからインドへかけて二〇種ほどがあるが、わが国にはその約半数が野生し、ホトトギス王国でもある。多くは山地の半日陰地に生え、秋の訪れとともに花を咲かせる。代表種のホトトギスは五〇センチメートル以上となる茎を伸ばし、中秋の頃、葉腋に数箇の蕾をつけ、上の蕾から下の蕾へと咲き下ってくるが、花梗《かこう》が短いので葉腋にくっついたように咲く。ふつうは紫色斑点入りの花を咲かせるが、時に、白花のものもあってこれを白花ホトトギスという。

これによく似たものにヤマジノホトトギスというのがあり、やはり葉腋に花をつけるが花梗がホトトギスよりも長く、葉腋より突き出たような感じで咲く。花時はホトトギスよ

和名 ホトトギス
科名 ユリ科
学名 *Tricyrtis hirta*

り一カ月ぐらい早い。ヤマジノホトトギスと名前が似ていてよく混同されるのにヤマホトトギスというのがある。これは茎頂から枝分かれする小枝を出してその頂きに花をつけるので容易に区別がつく。

これによく似ていて、鉢物でよく出廻るのに台湾産のタイワンホトトギスというのがあり、幾つかの園芸品種があって園芸化されている。これらは、いずれも白地に紫斑入りだが、黄花種もあり、山地でよく見かけるタマガワホトトギスは、ヤマホトトギス型に花をつける。最も多く見かける黄花種だがあまり栽培されていない。鮮黄色で、この仲間ではやや大きい花を咲かせるのがキバナホトトギスで大変美しく山草として人気が高い。

最も小型なのがチャボホトトギス。二つの鳥の名を併せ持った名の種類で、チャボの名のように草丈一〇～一五センチメートル。幅広の葉には紫斑があり葉模様が面白く、花は黄色で紫斑がある。小鉢植えで楽しまれるがやや育てにくい難点がある。最も高級品扱いされるのがジョウロウホトトギスで、土佐や紀伊半島の深山の崖地に野生し、茎は長く垂れ下がり、葉腋に筒長に見える半開状の花を咲かせ風情満点というところ。ジョウロウとは上臈《じょうろう》の意でその優雅さを貴婦人に譬えたもので、女郎ではないので間違えぬようにしてほしい。産地によって幾つかの変種がある。

†庭植えにすると毎年よく咲く

　このほか、キバナホトトギスに似たタカクマホトトギスやジョウロウホトトギスタイプで花が上向きにつくツキヌキホトトギスなど黄花には意外に種類が多い。

　ホトトギス類には葉に紫色の斑点が出るものが多く、顕著なのはチャボホトトギスだが、ヤマジノホトトギスのように、下葉には斑点が出るが上の葉は無地葉となるものもある。中国ではこの油点のあるものを油点草といい、わが国ではこれをホトトギスと読ませることがある。ジョウロウホトトギス系のものにはこの油点がない。

　わが国原産の植物で、比較的育てやすいが、よく花時になると下葉から枯れ上がってしまうことがある。日向に植えると葉が傷みやすく、日陰から半日陰で育てること、鉢栽培では乾かさぬように注意することだ。特に黄花種は葉枯れしやすいので注意したい。最も丈夫なのは、よく市販されるタイワンホトトギスで花数も多いし庭植えにすると毎年よく咲く。春先に株分けで殖やすほか、挿し芽をしても容易につく。

　ホトトギス類は昔は山野草として扱われていたものだが、最近は交配改良種なども出来て、園芸宿根草に変わりつつある。黄花種以外のものは丈夫で作りやすいので、日陰地むきの宿根草として身近な秋の花を楽しみたい。

さざんか

Camellia sasanqua

秋深まって咲く花木はたいへん少ないが、その代表がサザンカだろう。その紅色の花は寒さ加わる季節に仄々《ほのぼの》とした温もりを感じさせてくれる。

サザンカは、わが国西部原産のツバキの仲間で、今ではその野生のものは少なくなり、佐賀県の千石山《せんごくやま》の野生林が有名であるが、この他、壱岐島や萩市の指月山《しづきやま》などでも野生が見出されている。また奄美諸島から沖縄へかけてオキナワサザンカというのが分布するが、これはサザンカの地方的変種のようだ。野生のものは白花の一重咲きで芳香がある。園芸化されたのはかなり古くからのようで、十七世紀末に出された『花壇地錦抄《かだんちきんしょう》』には既に五〇品種が記されていて、その後、江戸時代末から明治へかけて、かなり多くの品種ができていたようだ。

現在栽培されているサザンカの品種は幾つかのグループに分けられている。もっともサザンカの純系に近いサザンカ群は、十月が花時で、多くは一重咲きで、白花のほか、うす紅色や、爪紅色、紅色などの品種がある。中国原産で古く渡来した紅花半八重咲きで冬咲きのカンツバキ（カメリア・ヒエマリス。サザンカの学名はカメリア・サザンクワという）は名のように冬咲きで早春まで咲き続け、サザンカとの雑種が出来易く、この雑種グループをカンツバキ群と称し、十一月から十二月へかけて咲き、八重咲き種が多く人気がある。そのためにカンツバキ自体、サザンカとは別種であるにもかかわらず、現在ではサザンカ

和名　サザンカ
科名　ツバキ科
学名　*Camellia sasanqua*

の中に入れられている。兄弟分のツバキとの雑種もあり、これはツバキ同様春先に咲くためハルサザンカ群と呼ばれる。この三グループを植えておくと、花の少なくなる十月から三月まで次々と咲いて長期間楽しめるのもサザンカの美点と云えよう。

†サザンカとツバキの違い

サザンカとツバキはどう違うか？　簡単に云えば花時がサザンカは秋、ツバキは木偏に春という国字が作られたように春咲き、ということになるが、サザンカにも春咲き種があるし、ツバキにも秋から冬に咲く種がある。ツバキは花が終ると花は散らずに花ごとポトリと落ちる。サザンカの方は一枚ずつ花びらが散り、いわゆる散りサザンカの美しさを楽しませてくれる。ところがツバキにも散りツバキというのがあって、はっきりとした区別点とは云い難い。雄蕊の形がツバキは基部が筒状となる、いわゆる茶筅型で、サザンカは雄蕊一本一本がつけ根から横開きにつき梅芯型となるが、ツバキにも肥後ツバキのように梅芯型の雄蕊をもったものがある。

また、葉はツバキでは艶葉木《つやばき》と云われるように光沢があり、サザンカには艶がなく葉も小振りであるという違いもあるが、ハルサザンカ系は葉形がかなりツバキによく似ている。正確な区別点はツバキでは子房や新芽には毛がないが、サザンカには微毛があり、これがはっきりした区別点と云われる。

　サザンカは山茶花と書くがこれは誤りで、先の『花壇地錦抄』では茶山花となっている。いつ、茶と山がひっくり返ったのか。また中国ではサザンカは茶梅といい、山茶とはツバキのことである。やはり茶山花と書いた方が素直ではないか。山茶花、サンサカの語呂がサザンカに似るのでいつのまにか茶山花が山茶花になってしまったのだと思う。どうも漢字名とはなかなか厄介なものだ。

　サザンカは元々わが国西南部産のものであるが、かなり耐寒力がある。しかし、北国では戸外では冬期傷み易い。が、それ以外の地域では丈夫で作り易い常緑花木と云える。また、日当りはよい方が花付きはよいが、裏庭など日当りがあまりよくない処でもけっこう花を咲かせる。市販されるのは十月から冬へかけての花時のものが多いが、最もよい植え時は三月下旬から四月上旬、または九月中~下旬である。寒くなってから植えると、ときにかなり傷むことがある。寒くなると春まで充分に根が張らず吸水力が低下する。一方、常緑であるため冬でも葉から水分が蒸散し、脱水状態になって傷むためだ。これはサザンカだけでなく常緑樹いずれにも云える。寒くなってから売られるものは冬の間、地の乾きを防ぐため株元に敷き藁や落葉、腐葉土などを敷いてやるようにしたい。鉢植えのものは冬も水やりを忘れないようにし、軒下などに置いてやるとよい。

はぎ

Lespedeza bicolor var. japonica

あちこちにハギの花が咲き始めると、日中、汗をかくような暑さが残っていても、秋の訪れを感じるのは私だけではないだろう。ハギは草冠に秋と書く。正に、秋を代表する花だ。

古く、万葉集には数多くの植物が詠み込まれたが、その中で断然、数多く詠まれたのがハギである。いかにわが国の人達がハギを愛していたかが窺い知れる。北から南まで、日本列島どこへ行ってもいろいろなハギが山野に野生して秋の訪れを告げてくれる。

このハギ、決して派手な花ではない。しなやかに伸びる枝に、細かい赤紫の花がチラチラと咲く姿は侘しげではあるが、心打つ風情がある。日本人には風情を楽しむという美意識がある。派手なものよりも風情あるものに心引かれる。

最近海外では、ジャパニーズ・ガーデン大流行で、どこへ行っても日本庭園風の庭を見掛ける。中には「これが日本庭園?」と思うようなものもあるが、雪見灯籠が置いてあれば一応日本庭園のつもりのようだ。ただ、感心するのは意外に日本の植物をよく植えてあることだ。わが国では「便所の木」と馬鹿にされるアオキやヤツデ、或いはナンテンが必ず植わっているし、モミジ類など、日本でもあまり見られないような品種が植わっていたりする。ところが、ハギが植えられているのを、私は見たことがない。何故だろうか。

これは西洋人と日本人の美意識の相違によるものだと思う。西洋の人達はどちらかとい

和名　ハギ
科名　マメ科
学名　*Lespedeza bicolor* var. *japonica*

うと派手好みで、ハギなどは寂しい花と感じてしまうのだろう。

むこうの人々は日本人のように風情に心打たれるということが少ないのかもしれない。

わが国には多くのハギの仲間が野生する。北海道に多いエゾハギを初め、各地の山野に野生するハギ（ヤマハギ）、紫紅色の花が密につくミヤギノハギ、葉が丸いマルバハギなどのほか、キハギ、メドハギ、マキエハギなどなど、どこへ行ってもなんらかのハギが野生し、萩市を初め、萩山、萩原など萩という言葉を使っている地名や人名がけっこう多い。

†日本人の美意識を象徴する花

古くから愛されている為に、白花種や、紅白染め分けとなるソメワケハギ、斑入り葉のものなど幾つもの園芸品種がある。

屋久島という島は不思議な島で、動物も植物も小型のものが多い。大きいのは、縄文杉で知られる屋久杉ぐらいなもので、屋久島を冠せられている植物はほとんどが小型で、屋久島シャクナゲ、屋久島ススキ、屋久島スミレ、屋久島リンドウなど、すべてこの仲間では最も小さい。そしてハギにも屋久島のハギがあって、草丈二〇〜三〇センチメートル、正にミニハギで小鉢植えや小盆栽などに仕立てると、その可憐な姿がなんとも愛らしい。

萩という字はツバキを椿とするが如く、わが国で作られた国字で、古くは芽子と書いたようだ。これは、毎年株元から新しい芽を多く出し、〝生《は》える芽《き》〟からハギと呼ばれるようになったと云われる。

元来日本の植物で、育て易い花木の一つで、日当りさえよければ、どこでもよく育つ。ただし、放置すると樹姿が乱れ、特に狭い庭では始末が悪くなるので毎年冬の間地際近くまで切りつめて、新しい芽を伸ばして咲かせるようにするとよい。鉢植えでも作れ、小型のヤクシマハギなどは小鉢仕立てにして楽しむのにむいている。

春の園芸はサクラの花時を目処としてスタートをするが、秋の園芸はハギの花時が目処となる。桜前線は南から北へと北上するが、ハギは北海道の八月に咲くエゾハギに始まって南へ下る。秋の種播きはこのハギの花時を目安として播くと間違いがない。

このハギ、古くから花木として親しまれてきたが、地方によってはその繊細な枝を冬に刈り取って萩箒を作るのにも使われていたようだ。

いずれにしてもこのハギ、日本人にとっては欠かせない花木と云えよう。

しゅうめいぎく

Anemone hupehensis var. japonica

秋に咲く草花は、春、夏に較べると少なくなるが、春の花は初々しく春霞によく似合い、夏の花には情熱を感じるものが多い。それに対し、秋に咲く花には一年をしめくくる落着きがあり、静けさが漂うのは面白いことだ。

この秋咲きの草花の一つにシュウメイギクがある。キクの名が付くためにキク科の植物と思われがちだが、全く別のキンポウゲ科の植物なのだ。漢字で書くと秋明菊と書く。秋にキクのような花を咲かせるところから付けられた名であるようだ。

春に咲く球根草花にアネモネがある。地中海地方原産で、赤、ピンク、紫、白などの花を咲かせ昔からなじみ深い。シュウメイギクは、実はこのアネモネと同属の植物で、学名をアネモネ・ヤポニカという。ヤポニカというからには日本原産の植物かと思うが、元来中国原産の植物で、古くわが国へ渡来して居着き、京都貴船山で野生化したところから別に貴船菊の名がある。どうやらこれを基にしてヤポニカの学名が付けられたらしい。

最近シュウメイギクの名で売られている、草丈が高く、一重咲きの白やピンクの花を咲

和名 シュウメイギク
科名 キンポウゲ科
学名 Anemone hupehensis var. japonica

かせるものは台湾産の大型のタイワンシュウメイギクとシュウメイギクが英国で交配されたもので、純粋のシュウメイギクではない。大型で立派ではあるが、在来のシュウメイギクのような風情はあまりない。最近は、わが国でも改良が進み、矮性種などもできてきてすっかり園芸植物化されている。

アネモネ属の植物は数多くあり、わが国にも早春の一時、小型で可憐な花を咲かせるイチリンソウやニリンソウ、キクザキイチゲ、北半球の広域に分布する高山植物で有名なハクサンイチゲなどかなり多いが、ほとんどが早春から夏へかけて咲き、秋咲きのものはこのシュウメイギクぐらいのものである。この仲間の花びらは、萼《がく》が花弁化したものでキンポウゲ科のものにはたいへん多い。丈夫な宿根草であるが、ときにうまく花が咲かない、とか、株が枯れてしまった、ということを耳にすることがある。

元々、半日陰地を好む宿根草で、夏場に乾きやすい土地では根を腐らせる厄介な白絹病《しらきぬ》が出て株枯れすることがよくある。半日陰地に植え、株元に腐葉土などを敷いて地の乾きを防ぐとよい。また、葉に白黴《かび》が生えるウドン粉病が出易いので早目にベンレートなどの殺菌剤を撒いて防いでやる。交配種はあまり日当りが悪いと花つきが悪くなり易いので、シュウメイギクより日が当る処の方がよく咲くが、一日中日が当ると、乾きやハダニの被害が出易い。午前中半日ていどの日当りの処が安全だ。殖やすのは春先に株分けする。

第四章

冬の花

ふくじゅそう

Adonis amurensis

正月には芽出たい植物を飾る習慣がある。松竹梅、万両や千両、南天などなど……。それとともにフクジュソウの鉢植えが飾られる。なにしろ福と寿の草で、これほど芽出たい名前を付けられた植物はない。果報者と云えよう。

わが国の中部以北の山地から、広くユーラシア大陸へかけて分布する多年草で、山地では雪融けとともに花が咲く。平地では二月、旧暦では一月、正月に咲く。黄金色は稔《みの》りの色で、わが国では芽出たい色とされる。正月に、稔りの色の花が咲く、というところから正月飾りに欠かせない花として用いられてきたのだろう。

広域に分布する植物だが、園芸化したのはわが国だけで江戸時代にたいへんな品種改良が行われ二〇〇以上の園芸品種ができていたと云われる。野生種は黄花の一重咲きだが、半八重咲き千重咲き、中には一株で一重のもの半八重のもの千重のものなど多様な花容をもった花が咲く品種もあり、これには「七変化」という品種名が付けられている。他に、三段咲きと称し、黄花大輪で、細い花びらが花芯までびっしりとつき、花芯部は緑色となって、黄色と緑色のコントラストが美しい。この品種、稀に花芯から更に花を出し、二段咲きとなることがある。三段になることはないが、一段、鯖《さば》を読んでこのような名が付けられたのだろう。このほか、花弁が糸のように細くなる采《さい》咲きや、弁周にナデシコの花のように細かい切れ込みのある撫子咲き、弁表が黄色で弁裏が紫となる表裏色違いのもの、

和名　フクジュソウ
科名　キンポウゲ科
学名　*Adonis amurensis*

花色も黄色のほか赤花と称する橙赤色のものや黄白色のものなどがあって、実に多種多様、江戸時代に、よくぞこれだけの品種を改良したものと感心せざるを得ない。

†正月を飾る芽出たい花

残念なことに、これらの品種は、現在かなり失われ五十品種前後が残されるだけとなっている。暮に市販されているものは、この中の丸弁の黄色半八重咲きで、早咲きの「福寿《ふくじゅ》海《かい》」がほとんどを占めている。

中部以北の山地に野生し、現在では北海道に最も多く野生するが、関東の秩父山地に野生していたものを基に改良が進んだようだ。今でも、秩父に近い埼玉県の岡部町や深谷の周辺が生産の主産地となっている。

フクジュソウは落葉樹林下の植物で、早春落葉樹林が芽を吹く前に陽を受けて咲き、その後五月頃まで葉を茂らせて地上部は枯れ、根株だけを残して休眠し、翌早春の花時まで地上に姿を現わさない。夏場は落葉樹の葉が茂り完全な日陰となる。野生地に近い岡部や深谷の一帯は昔、養蚕地帯で畑は桑畑が多い。桑は落葉樹で桑畑の中は夏場は完全な日陰となり、冬場はよく陽が射す。この環境をうまく利用して、同地一帯に福寿草栽培が盛んになったと云われ、桑畑の畝間に植える。これも昔人の智恵と云えようか。

地上部は小型だが、根張りが非常に大きいため、正月飾り用の平鉢植えのものは、花後すぐに6号ていどの大鉢に植え替え、五月から日陰へ置いてやると鉢植えでもよく育ち翌年も花を楽しめる。庭に植える場合は野生地にならって落葉樹の下へ植えると手間がかからない。繁殖は鈍く、一年に芽数が倍ぐらいにしか殖えない。芽分けと植えつけは十一月、一霜降りてから行う。

フクジュソウは落葉樹林下の植物で、五月から十月まで、落葉樹林の葉が茂っている間は完全な日陰になっているが、その花は陽が当らないと開かない。正月飾りの鉢植えを屋内の床の間など、陽の当らない処へ置くと、蕾は色付いて膨んでも開かないで終ってしまう。中には、それが咲いている状態だと思い込んでしまう人が時々いる。以前、訪ねてきた人に、戸外で咲いているフクジュソウを見せたら、何の花だと聞かれた。

「これフクジュソウですよ……」

と云っても信用しない。この人、フクジュソウとは開かない花と思い込んでいたようだ。

NHKテレビの『趣味の園芸』でフクジュソウの話をしたことがある。朝、咲いている鉢植えを持っていったが、スタジオに置いたら閉じて開かない。本番以外では消してしまうライトを一灯だけつけてもらってやっと咲かせ無事終了したことがある。

ゆきわりそう

Hepatica nobilis var. japonica

近頃はあまり見掛けなくなったが、以前は正月飾りにフクジュソウとともによく用いられたのがこのユキワリソウだ。梅の小花のような、白やうす紅色、紫などの可憐な花を咲かせる姿は、明るく黄金色に咲くフクジュソウに対して乙女のごとき愛らしさがある。

この仲間は各地に野生するが、北陸から庄内へかけての日本海側に野生するものはオオミスミソウと呼ばれるように花も葉も大きく、しかも白、ピンク、紅、赤紫、藤紫と花色が豊富で美しく、園芸的に扱われているのはほとんどがこのオオミスミソウである。六〜八弁の一重咲きだが、ときに半八重のものや吹詰咲きのものがあるし、稀に有香のものも見出されるなど、野生植物の中でこれほど変異の多い植物も珍しい。また、三浅裂の常緑葉も、無地葉のほか、変化に富んだ斑入り葉もある。

フクジュソウは花後茂る葉は雑草然として見られないし、五月にははや枯れて地上部がなくなるが、ユキワリソウの方は、前年から茂っていた葉は花後枯れるが入れ替わりに新葉が出て、この新葉は艶があって美しく、けっこう楽しめ来年の花時まで茂っている。特に斑入り葉は観葉的価値も高い。近年、重ねの多い八重咲き種が珍重されて、一躍人気の山野草となり、昔は安価に扱われていたユキワリソウが、ときには一株何万円という投機的な値段で扱われるようになってしまった。とかく山野草ではブームになると野生地の乱穫がひどくなり、自然保護の上からも困ったものだ。野生植物は一度減ると復原が困難な

和名 ユキワリソウ
科名 キンポウゲ科
学名 Hepatica nobilis var. japonica

ものが多いので尚更である。

ユキワリソウの名は、植物学的には、高山に野生するサクラソウの一種のことだが、園芸的にはミスミソウやスハマソウなどキンポウゲ科ヘパチカ属の種類の総称として扱われている。ミスミソウとは三角草の意で、三裂する葉の先端が尖り三つの角《かど》があるから付けられた。一方スハマソウの方は州浜草で、先端が丸く海辺の州浜を意味し、この二種、一応区別されているが野生のものを調べると、同一群落の中に両方の形のものがあり、中には中間型もあって、この区別はあまりはっきりしたものではない。園芸上多く扱われているオオミスミソウは別にオオスハマソウとも呼び、人によってまちまちだ。一般化しているユキワリソウの名は正式には間違いだが、これで扱ったほうが混乱しないかもしれない。

ヘパチカ属の植物は、北半球の温帯域に広く分布し、ヨーロッパの山地にも多く野生し、私もヨーロッパへ出掛けたおり、山地の林下でよく見掛けるが、むこうでは穫る人もいないようでいずれの場所でも群生をしている。また、北アメリカにも分布する。外国では山野草として扱われてはいるが、フクジュソウ同様、園芸的に多数の品種を改良しているのはわが国だけのようで、江戸時代には既に六〇余の品種が記録されている。

†夏場は風通しのよい日陰地で管理

以前は日本海側の山地には大群落地がかなりあって、早春には足の踏み場もないほど咲き乱れ、暮になると山採り品が正月用にと、夜店でも安価に売られるほど群生していたが、開発によって群落地が失われるとともに、八重咲き種が見出され、高価に扱われたため、乱穫がひどく野生群落が急速に失われてしまった。

幸い、新潟県在住の岩渕公一氏の長年の研究により品種改良が進み、実生増殖の技術が確立したために野生品の乱穫が減ったことは幸いなことで、同氏の指導により「雪割草の里」が設立され群生地が再現されている。因みに日本海側以外の地域のものは小柄でほとんどが白花であって観賞的価値は低い。

落葉樹林下の植物で、フクジュソウと性質が似ていて栽培管理はフクジュソウに準じるが、鉢植えでは保水、排水性にすぐれた鹿沼土で植えるとよく、新葉が開き切ったら日陰の通風のよい処へ置き、乾かさぬよう管理するのがポイントで、夏場と冬場に注意したい。

繁殖は株分けによるが、種子を播いて殖やす方法もある。ただし、種子が完全に成熟してからのものは一揃いに発芽しにくく、成熟前のやや若いうちに採って播くのがポイントで、これはクレマチス類とよく似ている。クレマチスとは草姿がかなり異なるが、同じキンポウゲ科であるし、花をよく見ると、クレマチスの花を小さくしたようで、花色の変異もよく似ている。同じような遺伝子を持っているのだろう。

かんあおい

Asarum kooyanum var. nipponicum

江戸時代は驚くほど園芸が発達をしたが、その中で珍貴な植物がもてはやされることが多かった。中には姿形が奇形（？）と思われるようなものもあるし、斑入り葉好きであった日本人のせいか、多くの植物に様々な斑入り葉品種を作りあげている。これら江戸時代に流行した珍貴植物をひっくるめて「古典園芸植物」（この名は、『農耕と園芸』誌の編集長であった植村猶行《うえむらなおゆき》氏が以前付けられた名称である）と呼ぶ。この中には観葉植物的なものが多いが、カンアオイもその一つだ。

この仲間はサイシン類（細辛類）と呼ばれウマノスズクサ科の多年草で山地樹林下に野生する小型の草本である。幾つもの種類があり、常緑性のものと落葉性のものとがあるが、常緑性の代表種がこのカンアオイだ。地方的な変異が多く、関東地方のものをカントウカンアオイ、その中で多摩地方のものをタマノカンアオイともいい、越後地方のものをコシノカンアオイなどと呼ぶほか、小型のコバノカンアオイなどいろいろな変種があり、コバノカンアオイはコンパクトに茂り斑模様が美しく人気がある。野生種の中でこれらから斑模様の変わったものなどが選び出され多くの園芸品種が生れたようだ。

　茎は短く目立たず、二枚の葉をつけるが、その葉は暗緑色心臓形でシクラメンの葉のようで、斑模様が入ることが多く、これもシクラメンによく似ていて観葉的価値が高まっている。さて花は、というと、よほど気をつけていないと存在が判りにくい。晩秋から冬へ

和名 カンアオイ
科名 ウマノスズクサ科
学名 *Asarum kooyanum* var. *nipponicum*

かけて株元に、紫褐色や緑褐色の径二センチメートルぐらいの小さな壺状の花をひっそりと咲かせ、香りがある。先端が三裂して開くが、これは萼《がく》であって花びらではない。

†複雑怪奇な「アオイ」

寒中に咲き、葉を落とさぬ常緑葉であるところから「寒葵」と名付けられているが、この葵という言葉はたいへん厄介だ。科名にアオイ科というのがあるが、カンアオイはアオイ科とは全く別のウマノスズクサ科で関係がない。となると、アオイという植物は何ものか、ということになるが、これはアオイ科のフユアオイのことだそうだ。フユアオイは古く渡来した帰化植物の一つで、ゼニアオイに似て葉腋に淡紅色小花を咲かせてサイシン類とは似ても似つかない。

徳川家の紋所は三葉葵だが、これもアオイ科の植物ではなく、カンアオイの仲間のフタバアオイ（カモアオイとも云い京都賀茂神社の祭礼に用いられるので有名）の葉を紋章化したものという。元来、名のように二葉であるが、紋章では一枚加えて三葉葵となっている。これは権力を誇示するためだろうか？　サイシン類にはアオイの名を冠したものが多く、葉がアオイに似るためらしいが、アオイ科のアオイの葉とは似ても似つかない。更にゼラニウムのことをアオイと呼ぶことがある。これは和名テンジクアオイのテンジクが略された呼び方で、こちらの方はフウロソウ科の植物。葉形がアオイに似て唐天竺から渡来したということからのようだが、この方が葉形がフユアオイに似ている。いやはやアオイという名称ほど複雑怪奇な名はない。元来、アオイという名は「仰ぐ陽」という意味らしいが、こうなると天を仰いで嘆息するより仕方がない。

落葉性種では、サイシン（ウスバサイシン）とフタバアオイがあり、これもわが国の林下に野生し昔から庭園樹の下草として植えられるが、サイシンは古来、漢方薬としてその根茎が利用される。

このサイシン類の葉は、日本特産で春の女神と云われるギフチョウの食草としてもよく知られ、サイシン類が絶えるとギフチョウも絶えるという一蓮托生の運命にある。

日陰の植物で、栽培も日陰地で育てるのがポイントで、庭樹の下草にもよい。

サイシン類はわが国にはいろいろな種類があり、前記の種類のほか、カンアオイを大型にし、雲紋状の斑を表わすマルバカンアオイや、光沢のある葉で白斑部が広いランヨウアオイという美葉種もある。両種ともに常緑葉でカンアオイとともに古典園芸植物として好事家の間で愛培されている。

高級品種はほとんどが鉢作りにされ、香炉型の黒塗り鉢に植え、床の間に置いて観賞するなどなかなかしゃれている。

にほんすいせん

Narcissus tazetta var. chinensis

正月を飾る活け花として、必ずといってよいほど活けられる花にニホンスイセンがある。白く香りのよい清楚な花はいかにも新春の飾りに相応わしい。

ニホンスイセンはその名のように、わが国の暖地海岸に群生地があり、冬の訪れとともに海岸の傾斜面一面に咲き競う。主に黒潮洗う関東以西の太平洋沿岸に点々と野生地があるが、日本海側にも隠岐島や越前海岸にも野生し、中でも越前海岸の群生地が有名で越前水仙と呼ばれ、正月用に切り花が出荷されるし、花時に訪れる人も多い。

暖地海岸に野生地の多いニホンスイセンが、何故、雪の多い日本海側にも野生するのか。これは暖流である黒潮と深く関係する。黒潮は薩南諸島あたりで支流が出て北上し、対馬海峡を経て日本海沿岸に沿って遡る。これを対馬暖流というが、このため雪国でありながら日本海沿岸は気候温暖で、野生植物も樹木などは暖地の常緑樹が多く見られるほどだ。

中国南部福建省の海岸地帯にシナズイセンという酷似するスイセンが野生するが、これは植物学的にはニホンスイセンと同種のタゼッタという種類だ。スイセン類の多くは地中

和名 ニホンスイセン
科名 ヒガンバナ科
学名 Narcissus tazetta var. chinensis

海地方からヨーロッパへかけてが生れ故郷だが、何故離れた東アジアにこのタゼッタ種が野生するのか。実はこのタゼッタ種、元々はイスラエルからトルコ、ギリシャへかけて分布する種類で、私もイスラエルへ行ったおり、ゴラン高原の湿地帯で見たことがあり、その花は正にニホンスイセンと同じものである。

どうしてこれが中国と日本に野生しているのか？　たぶん、中国へはシルクロードを経て人手によって持ち込まれたものが、生育に適した福建省海岸に居着いたものと思われる。さて、わが国へはどうして渡ってきたのか。

ここに黒潮の流れと深い関係がある。福建省海岸地帯はしばしば台風が上陸する。野生する海岸の傾斜地は大波に洗われて崩れる可能性がある。崩れるとそこにあった球根が海へ流される。沖へ沖へと流されるとやがて黒潮に乗り、本流へ流されたものは太平洋岸へ、支流の対馬暖流に乗ったものは日本海側へ流され、それが隠岐島や越前海岸に打ち上げられて野生化したらしい。越前海岸は能登半島西側のつけ根に位置し、対馬暖流が一度突き当って停滞しやすく、その為漂流物が多い。以前ロシアのタンカーが座礁し油が流出して大騒ぎになったのも越前海岸であった。シナズイセンの球根も漂流物としてここへ打ち上げられたと考えられる。

植物が分布を拡めるには、このように人手によるほか、海流に流されたりして遠隔地までたどりつくものがよくある。ニホンスイセンもその一つであろう。たいへんな長旅をしたことになり、そこには自然が織りなすロマンが感じられる。

スイセンを植えたが、年々葉ばかり茂って花立ちが悪くなるとよく云われる。これは他の球根も同じだが、日当りの悪い処へ植えたり、花後、伸びてくる葉を邪魔だからと切り取ってしまうことに大きな原因がある。特に葉を切ることは厳禁で、花後茂る葉で光合成によって球根をふとらせるための養分を作り、充分に養分を溜めこんで球根中に自動的に花芽が出来る。この養分を作る製造工場が葉であるから、葉を切ってしまっては球根がふとれず花ができなくなってしまう。くれぐれも葉を大切にすることだ。それとともに花が終ったらすぐにお礼肥として化成肥料などを施すことだが、チッソ分の多い油粕だけはやらぬようにしたい。これを多く施すと球根が腐りやすくなる。

花が終ったからもう不必要だろうと、葉を切ってしまう人がよくいるが、これはとんでもないことで、球根にとって、葉は命、だということを忘れないでほしい。

「でも、花の後の葉は邪魔でむさくるしいから切りたくなるんだ！」

と云う人が多いが、来年また美しい花を楽しみたければしばしば我慢することだ。

特にニホンスイセンは花後やたらと葉が伸びるので切られ易い。出る釘は打たれる、というところだがくれぐれも我慢、我慢……。

かんらん

Cymbidium kanran

ここ数年来、たいへんなランブームで、東京ドームでは毎年のように大掛りな「世界ラン展」が催され、押すな押すなの盛況となる。

ランは昔から高貴な花とされ、高嶺の花として一般庶民には手が届きかねたが、最近は、誰でもが楽しめる花となった。これはバイオテクノロジーによる繁殖技術が急速に発達したお陰で、特に欧米で発達をした洋ラン類は場末の花屋でも売られるようになった。

ラン類は植物の中でも種類が非常に多く、世界中至る所に野生があるが、園芸化されたものは洋ラン類と東洋ラン類という区別がある。洋ランとは西洋ランを略した言葉で、西洋とは云うがほとんどが熱帯生れのランで、英国を初め西洋の国々で改良され、わが国へ明治時代に渡来したので西洋ランと呼ばれたものである。これに対して東洋ランは、中国や台湾、日本など、東洋で発達をしたグループで、特に中国では宋時代から香りのすばらしいものが喜ばれ、香りのよい花の代表とされ、蘭花と呼ばれるようになった。元来蘭という字は葉が香るフジバカマのことであったが、蘭花が賞でられるようになってからは蘭は蘭花のことを指している。中国で賞でられた蘭花は中国産のシンビジュームの仲間で、香りのよい花とともに繊細な葉姿が楽しまれた。

カンランはこの仲間の一種で、わが国の南部、四国や九州にも野生し、寒中に清楚な香りのよい花を咲かせ、高貴な花として古くから鉢仕立てにして観賞されてきた。

和名 カンラン
科名 カンラン科
学名 *Cymbidium kanran*

カンランを初め東洋ラン類は、洋ランのように大輪にしたり、派手な花色にする改良は行われず、色変わり品種はかなりあるが、いずれも地味な色合いで花つきもあらく、原種の風情をしっかりと残している。これも、西洋人と東洋人の美意識の相違であろう。

これとともに、洋ランのようにバイオテクノロジーによる繁殖法もほとんど行われておらず、大量生産も行われていない。そのため、価格的にも未だに高嶺の花の域を出ていない。これは稀少価値を尊ぶという考え方によるものだろう。

†東洋人の美意識が漂う

東洋ランには、カンランやシュンランなどのシンビジューム属のほか、わが国では長生蘭と呼ばれるセッコク、近年人気のエビネ類、香りのよい富貴蘭と呼ばれるフウランなど古典園芸植物として扱われているものが多い。この中の長生蘭はデンドロビュームの一種で香りのよい花を咲かせるが、わが国では花よりも斑入り葉のものが貴ばれている。

世界ラン展では、以前は洋ランが主体であったが、近年東洋ランの占めるスペースがかなり広くなった。華やかな洋ランのコーナーから東洋ランコーナーへ移ると、ムードががらりと変わる。観る人にも静けさが漂う。中でも、カンランの気品のある姿に見入る人が多い。

シンビジューム属の東洋ランには清楚な花や、上品な香りを楽しむもののほか、繊細な葉姿、多様な斑入り葉など株全体が観賞されるのが、花を中心に改良された洋ラン類との大きな相違点だろう。洋ランとして発達をしたシンビジュームは花は華やかだが、葉姿は全く風情がなくいただけない。ここにも西洋人と東洋人の美意識の相違が汲みとれる。

花や花立ちの改良が洋ランのそれよりも改良されていないので、花がよくつかないとの声も聞くが、花立ちの少ないものに花を咲かせるのがステータスでもあるようだ。

カンランを始め、東洋ラン系のシンビジューム類は、洋ランのシンビジュームと同じグループであるため、その性質はよく似ていて栽培の基本は同じと考えてよいが、他の古典園芸植物同様、わが国ではかなり凝った栽培が行われる。まず、植え鉢も蘭鉢と云われるスリムな腰高鉢が用いられ(洋ランのシンビジュームも腰高鉢が使われるが、これは根が太目で長く伸びるためだ)、培養土は日向土や鹿沼土など、通気性と保湿性がすぐれたものを主体にし、これを篩《ふる》い分けして大粒を下に中粒を中ほどに、小粒を上にと三段にして植えるのが定石。春から秋までは戸外の明るい日陰へ台を設けて通風をよくし、冬は屋内へ入れて越冬させる。水は乾いてきたら充分にやるが、冬は五〜七日に一回でよい。肥料は四〜六月はうすい液肥を週一回ぐらい与えるが、夏以降は与えない方がよい。

ろうばい

Chimonanthus praecox

寒さが最も厳しい一月、外套に襟巻という姿で住宅地を歩く。と、どこからともなく清楚な香りが漂ってくる。ふと眼をあげると、塀越しにロウバイの花が咲いている。

ロウバイは中国原産の落葉性花木で十七世紀に朝鮮半島を経て渡来したと云われている。その花はウメの花に似て花弁が厚手で半透明の淡黄色花を開き佳香がある。梅の字がつくがウメの仲間ではない。花が一見、蠟細工を思わせるためロウバイと名付けられたと云われていて漢字では蠟梅と書く。ところが書物によっては臘梅と書かれていることがある。ロウの字が片方は虫偏、後者は肉月《にくづき》である。実は臘の字は、旧暦十二月を臘月と云い、臘月の臘の字である。旧暦十二月は今の一月に当る。臘月に梅のような花を咲かせるところから臘梅だ、というわけだ。どちらが正しいのか、判定に苦しむが、蠟細工説をとるならば蠟梅と書くのが正しいし、臘月説をとるならば臘梅と書かねばならない。

古くはカラウメとか、ランムメとも呼ばれていたようだが、前者は唐梅の意で、中国生れで、外来種というところだが、それでは、同じく中国渡来の本物のウメも唐梅であるが

和名 ロウバイ
科名 ロウバイ科
学名 Chimonanthus praecox

そのようには云わない。ランムメは蘭梅の意で、ランに似た佳香をもっているためだと思うが、この名の方がロウバイには相応しいだろう。

さて、このロウバイにはいろいろな変種がある。基本種は多数ある花びらは淡黄色だが、中心部の花びらは小さく暗紫色であるのが特徴。ところが中心の花びらも淡黄色か白くなるものがあり、これをソシンロウバイと称し、最も人気がある。わが国では、花芯部が白くなるものを素心と称し、清楚であるためか喜ばれる。ソシンロウバイもそのようなことで人気品種になったようだ。したがって現在植えられているものは、多くこのソシンロウバイと思ってよい。

このほかにも大輪のダンコウバイ（檀香梅）、これとロウバイの中間型の花を咲かせるカカバイ（荷花梅）というのもある。この二種とも、花色はロウバイ同様花芯の花びらは暗紫色となり、やはり素心人気のためか、あまり見掛けない。

ところが、このダンコウバイと同名の、全く異なるクスノキ科の低木がある。これは小楊枝を作ることで有名なクロモジの仲間で、クロモジ同様、材に香気があり同じく楊枝を作る原料となる。

加えて、早春、黄色小花を傘形に綴るため、昔から茶室の庭にも植えられ、種苗商でダンコウバイの名で苗が売られることがある。ロウバイのダンコウバイのつもりで植えたらクロモジ兄弟のダンコウバイだったとがっかりさせられる。同名異種というわけで少々罪な話だ。

日当りのよい処へ植えれば手がかからずに育ち、花の少ない寒中に咲いて花、香りともに楽しめる。近年、ソシンロウバイから改良され、丸弁で花色も濃い黄色のマンゲツロウバイがソシンロウバイに代わって人気があり、花つきよく一月いっぱい咲き続ける。

私の家にも、マンゲツロウバイが売り出された頃に手に入れて植えたものが二株ある。今ではかなり大きくなって毎年よく花を咲かせてその香りとともに、花のない冬の間、大いに楽しませてくれる。ソシンロウバイの方は、やや色が淡く上品な感じだが、マンゲツロウバイは色が濃く、満開になると木全体が真黄色に染まってかなり艶やかだ。来る人、来る人が、あれ、何の木かと尋ねる。ロウバイですよ、というと、へえッとびっくりする。切り花にしても水揚げがよいのでぜひ一枝ほしいとねだられる。

このマンゲツロウバイ、よく実がなり、秋になると熟して果皮を割ると、艶のある、意外にきれいな茶色の種子がある。播くと翌春よく芽を出すが、花が咲くまでには五年ぐらいかかるようだ。知り合いの植木屋が、お宅のロウバイは色が良いから種子がほしいと毎年採って行く。もうかなり殖えているに違いない。

ロウバイは挿し木ではつきにくいので、プロはもっぱら接ぎ木で殖やしているようだ。

まんさく

Hamamelis japonica

　里山の雪が解け、他の木々が未だ新芽を芽吹かせぬ頃、木いっぱいに黄色の花を咲かせる木がある。これがマンサクで、他に魁《さきが》けて花を咲かせるところから「まんず咲く」がマンサクになったと云われるが、その語源については幾つもの説がある。

　この花の一輪をよく見ると実に面白い形をしている。花びらは細く紐状で捩れている。蜘蛛が踊っているようにも見える。この姿から豊年踊りをしている人に見立てたとも、稔りの色の黄色い花を木いっぱいに咲かせる様子を豊年万作に見立てて名付けられたとも云う。

　このほか、豊年万作とは反対に、そのヒネた花を秕《しいな》に模して、地方によっては秕花と呼ばれる処もある。秕は不作の代名詞とされることがある。不作では縁起が悪いというのでその反対語の万作になったという穿った説もある。アシをヨシと云い、梨の実を有《あり》の実というのと同じだ。さて、どの説が正しいのか、云われればどの説もなるほどと迷わざるを得ない。植物名の語源には幾つもの説があるものがよくあるが、このマンサクもその一つ

和名　マンサク
科名　マンサク科
学名　*Hamamelis japonica*

だろう。

　さてこのマンサク、わが国の中部に多く野生するが、この仲間にはいろいろな種類がある。マンサクよりも幾分花が大きく花びらの下部に赤い筋が入るニシキマンサク、葉が丸型で黄赤色花のマルバマンサク。名前は真赤な花を連想させるが実際には、燻《くす》んだ紫褐色花で名前倒れのアカバナマンサク。これは昔、カタログを見て取り寄せ、赤い花が咲くものと期待をしていたが咲いてみたら真赤な嘘というわけでがっかりした記憶がある。

わが国だけでなく、やや大輪で、花芯が赤く黄金色の花を咲かせる中国産のシナマンサク、北米産の鮮黄色で花も大きくよい香りを放つアメリカマンサクというのもある。

これらのマンサク類各種を用いて欧米で品種改良が進み、鮮赤色のもの、オレンジ色や、冴えたレモン黄色や濃黄色のものなど花色鮮やかに改良され、いずれも花つきがよく、枝一面に花が咲きたいへん賑やかなものになったが、在来種のような風情には欠ける。これらの洋種マンサクはわが国へも輸入され、苗木が市販されるようになったので、追々、早春の庭を飾るようになるだろう。

†葉は止血剤に、樹皮は縄に

マンサクは花木として観賞されているが、いろいろなことにも利用される。葉にはタンニンを多く含むので、古来、止血剤として使われてきた。その材は極めて強靱で腐りにくく、その性質を利して土木用材や薪炭材としても使われてきた。また、樹皮の強靱な繊維を利用して縄にもされてきたなど、かなり多面的な有用樹とも云えよう。

マンサクは落葉樹だが、冬に入っても枯れ葉が落ちずに残り、花時になってもこの枯れ葉がついていることが多く、観賞上これが一つの欠点だが改良品種は比較的早く落ちるようで、花時には枯れ葉があまり目立たない。

一月には香りの良いロウバイが咲き、これにバトンタッチして咲き出すのがマンサク。華やかではないが、春の訪れを告げる花木の一つとして味わいのある花である。

わが国に野生が多く、育てやすい花木であるが、日当りよく肥沃で適度な湿気を保つところが最適と云われる。植え時は十一月か、花後すぐがよい。剪定は伸び過ぎた枝だけを花が終った時に切りつめるようにする。

マンサクと名がつく花木には、マンサクとは別属だが常緑葉のトキワマンサクというのがあり、五月頃にクリーム色の細い四弁の花を枝一面に咲かせる。非常に花つきがよく、鉢植えや盆栽にもされる。中国原産と云われていたが、その後、伊勢神宮の森や九州にも自生していることが解った変わり種である。暖かい気候を好むため北地での庭植えはややむずかしいが、それを除けば極めて丈夫で毎年よく花を咲かせる。

最近、赤花マンサクの名で売られている、赤紫色のマンサク状の花を咲かせる常緑性の小型花木がある。前記の名前倒れのアカバナマンサクとは別種のもので、マンサク科であるがマンサクとは別属のものである。初夏から秋へかけてかなり長期間次々と咲き、葉も紫紅色がかり庭木のほか、生垣にもよいので近頃人気があり、あちこちの園芸店でよく売られている。ふつうは紫紅色花だが、ときに白花もある。

うめ

Prunus mume

芽出たい植物の代表というと松竹梅がある。何故芽出たいかというといろいろな理由があるが、松は常緑樹、竹は樹でもなく草でもない竹笹類、そして梅は花木のそれぞれの代表と見ることもできる。ウメが花木類の代表にされたのは、正月に香りのよい凜とした花を咲かせることにあるのではないだろうか。

ウメの故郷は中国で、今より一千年以上前に渡来したもののようで、万葉集にはウメを詠んだ歌が一〇四首もあり、サクラよりもはるかに多い。平安時代は正に梅ブームの時代で、菅原道真と飛び梅の話など、この時代爆発的に人気を呼んだ花木のようだ。宮中の紫《し》宸殿《しんでん》の前には左近の桜と右近の橘《たちばな》とが植えられているが、初めは右近は梅であったという説もある。語呂あわせからいうと右近の梅説が正しいように思うが、これは定かではない。

中国からの渡来の始まりは、生木ではなく、漢方でよく用いられて、この果実を燻蒸して製し薬用とした烏梅《うめい》であったらしい。わが国でウメと云われるようになったのも、烏梅に由来すると云われる。花木として親しまれただけでなく、その果実は、梅干しという加

和名 ウメ
科名 バラ科
学名 Prunus mume

工食品に工夫され、戦国時代以降保存食品として、或いは保健食品として今日なお人気が高い。梅干しを作る時に出る梅酢は塩とともに欠かせない調味料となり、ここに塩梅《あんばい》という言葉が生れたという。

古くから人気の花木であったために、多くの品種が誕生し、江戸時代末には二百以上の園芸品種が記録されていて、現在植えられている品種も多くは江戸時代に改良されたものが多い。これらは主に観賞用の花梅であるが、一方果樹用の品種もけっこうある。

園芸的には、原種に近い野梅性《やばいしょう》、幹や枝の肉質部が赤い紅梅性《こうばいしょう》、近縁のアンズの血が入っていると云われる豊後性《ぶんごしょう》や杏性《あんずしょう》などに分けられている。このほか、花色によってピンクや赤花のものを紅梅、白花のものを白梅と呼ぶことがあるが、紅梅性は必ずしも赤花ばかりではなく白花の品種もあり、いずれも、枝を切ると内部が赤いのが特徴で、赤花系でも肉質部が白いものもあってこれは紅梅性ではない。このほか、枝が垂れ下がるしだれ性や枝が捩れる雲竜性《うんりゅうしょう》などの変わった樹型のものもあり、長い歴史をもつ花木だけに実に多様である。白加賀や豊後、南高梅のような果樹専用品種もあるが、花香実《はなかみ》のように花良し、香り良し、実も良しと三拍子揃った花木、果樹兼用品種もある。

ウメは正月の花とされるが、これは旧正月のことで、多くの品種は二月から三月が花時となり、この季節には各地の梅園が大勢の人で賑わう。ウメの花時はまだ寒さが厳しいが、ウメが咲き出すと春の到来を感じさせ、何か心がはずむ。紅梅、白梅が咲き揃うとやはり、芽出たい花木と云われるのも肯けよう。

よく「桜切る馬鹿、梅切らぬ馬鹿」と云われる。サクラは太枝を切ると切り口から枯れやすいから切らぬ方が安全という意味で、ウメは小枝によく開花結実するので、必ず剪定をして小枝を多く出させた方がよいためで、多少意味が違う。

鉢植えは盆栽風に仕立てたものが多く、暮から正月へかけて売り出される。

昔から、この梅の鉢植えによく花をつけさせるために「梅の水切り」ということを行う。夏場水を控えて乾き気味にすると花芽がよくつくからだが、こういう言葉は得てしてオーバーに表現することが多い。

初秋の頃、近所の人が梅の鉢植えをもってきて、水切りをしたら葉が全部落ちてこんなになってしまったが大丈夫だろうか、と云う。見れば葉は一枚もなく枝を折ってみたらポキポキと折れてしまい完全に枯れてしまっている。

「いやア、これは駄目だ。枯れてますヨ。一夏水をやらなかったんじゃないですか?」

「ええ、一夏やりませんでした」

サボテンではあるまいし、一夏水をやらなかったら正に梅干しで、枯れてしまう。

昔からの言葉は話半分で聞いておいた方が安全だ。

ひいらぎ

Osmanthus heterophyllus

魚偏に春夏秋冬があるが、木偏にも春夏秋冬がある。テレビのクイズ番組に出したら面白いと思うが、さて果たして何人の人が正解をするだろうか。

椿はツバキのこと（ただしこれをツバキとするのは漢字ではなく国字で、漢字での椿は全く別のチャンチンという木のことで中国ではツバキは山茶という）、榎は大木になり夏の緑陰樹や街道の標識木とされたエノキ。楸はもっとも知る人が少ないがノウゼンカズラ科の中高木で、秋にササゲのような長い実を垂れ下げるキササゲのことだと云われる。そして柊がこのヒイラギである。初冬に香りのよい白色小花を咲かせる。

ヒイラギというと、鋭い刺《とげ》のある常緑葉を茂らせ、節分の時にこの小枝に鰯《いわし》の頭を突き刺して門戸に打ちつけることでよく知られる。なぜ鰯の頭をつけるのかは寡聞にしてよく知らないが、鋭い刺によって悪鬼を避けるというところからこの風習が生れたようだ。

ヒイラギの仲間ではないが、同じように刺のある常緑葉のセイヨウヒイラギが、西洋で、クリスマスの飾りに用いられるのも同じような意味があるらしい。この西洋ヒイラギはモ

和名 ヒイラギ
科名 モクセイ科
学名 Osmanthus heterophyllus

クセイ科でなくモチノキ科の常緑樹で欧州原産だが、アメリカにもこの仲間がありアメリカヒイラギといい、中国産のものをシナヒイラギという。ヒイラギの実は黒熟するがモチノキ科のものは果実が紅熟するので容易に区別がつく。

ヒイラギは前述したモクセイの仲間で、わが国に野生する唯一のモクセイ一族である。初冬に、ギンモクセイ同様の白い小花を咲かせよい香りを放ち、モクセイの仲間であることがわかる。ただし他のモクセイ類は葉縁に刺がないが、こちらは鋭い刺があるのが大きな違いだ。見るからに痛そうな刺で、ちょっと近づき難い。

他の地方ではあまり見掛けないが、東京の北多摩の地域に、農家の生垣によく使われているヒイラギモクセイというのがある。ヒイラギより葉幅が広く、葉縁の刺が細かい。ヒイラギ同様に晩秋の頃白い小花を咲かせる。これはヒイラギとギンモクセイの雑種と云われ、書物によっては中国原産となっているが、ヒイラギは日本の木で、わが国で渡来していたギンモクセイとの雑種ができたものと思うがどうだろうか。

このヒイラギモクセイが、生垣に用いられるのは次のような理由によるようだ。生垣は刈り込みなどの手入れを怠ると下枝が枯れ上がり易い。一度枯れ上がった下枝はほとんど再生しない。ところがヒイラギモクセイは放っておいても下枝が枯れ上がりにくい性質がある。加えて刺のある常緑の葉が密生し生垣にはもってこいである。とてももぐり込めたものではない。
ところが、ここ二十年ぐらい前からこの生垣が、葉を虫に喰われて汚なくなることが多くなった。これはテントウノミハムシという黒藍色に赤い斑点を持つテントウムシを小さくしたような、小さな甲虫の仕業で、大量発生し、後肢の太腿が発達し、蚤のように跳ね、近付くと音をたてて飛び跳ねる。以前は見掛けなかった虫だが、たぶん外来種の昆虫だろう。なにしろ跳ねて逃げてしまうので駆除がしづらい。この虫、面白いことにヒイラギにも付くが、モクセイには付かない。どうやらヒイラギモクセイはモクセイよりもヒイラギの血の方が多く受け継がれているようだ。あるいはモクセイにはこの虫を除ける成分があるのだろうか。不思議なことだ。憎まれっ子世にはばかる、とでも云いたい害虫だ。

ヒイラギの名はよく知られた名で、昔はよく庭などに植えられていたが、近頃はあまり見掛けなくなったのはどうしてだろう。あまり刺が鋭いので敬遠されたのかもしれない。昔はどこにでも植えられていた木が、近頃、とんと見掛けなくなることが時々ある。生垣によく使われていたタチバナモドキやカラタチも最近はめったに見掛けないし、たまにみつけると、アラ珍しい、ということになる。園芸植物にもやはり栄枯盛衰があるようだ。

ヒイラギの白い花が咲き出すと、いよいよ冬将軍到来である。木枯し吹く中で咲き出すヒイラギには何か侘しさが漂う。

あせび

Pieris japonica

晩冬から早春へかけて、こんもりと茂る常緑葉をつける枝先から幾本もに枝分かれした花穂に、白い小さな壺状の花を密につけて垂れ下がりながら咲くアセビの花は、他の花木のような派手さはないが、その静かな佇《たたず》まいに心ひかれる思いがする。その為か、古い時代から庭植えにして親しまれ、万葉集にも十首ほどが詠まれているし、近代になってからもアセビを詠んだ俳句が多い。

わが国各地の山地林側などに野生し、ときに群落を作り、丹沢山系、箱根、天城山などが有名だ。私も大山で群生しているのを見たことがある。

アセビには面白い性質がある。多くの花木は蕾が見え出してから咲くまで、それほどの日数はかからない。ところがこのアセビ、八月には、新しい枝の先に枝分かれする繊細な花穂に小さな蕾をつけている。春先の花木は、ほとんどが夏の頃に芽の中で花芽を作り、苞片に包まれて少しずつ発達をし、いわゆる蕾として判るようになるのは花時間近になってであるが、アセビはせっかちと云おうか、八月にははやその姿を見せる。そして、いつ

和名 アセビ
科名 ツツジ科
学名 Pieris japonica

まで経っても咲かない。いつ咲くのかと首を長くして待っていると年を越して晩冬から旦春へかけてやっと咲いてくる。お待ち遠様というわけだ。

アセビには野生のものの中にもいろいろと変種があり、赤花アセビと称するピンクの花を咲かせるもの、花穂の長いホナガアセビ、花が上向きに咲くウケザキアセビ、斑入り葉のもの、小型のヒメアセビ、また、地域的なものに薩南諸島から沖縄へかけて野生する、リュウキュウアセビというのもある。これらの変種はいずれも庭植えや鉢植えとして楽しまれるが、中国産のコウザンアセビ（シナアセビ）は新芽が赤く芽出し時が大変美しい。欧米でもこれらを用いて品種改良が行われ、洋種アセビとしていろいろな品種がわが国でも市販されており、洋名の品種名で扱われている。

†有毒植物のひとつ

アセビは、アセボトキシンなどの有毒物質を含む有毒植物の一つで、漢字で馬酔木と書くのも牛馬が誤ってこれを喰べると中毒してしびれ、酔ったようになるからと云われるし、アセビという言葉も「足しびれ」から転化したとも云われる。奈良の公園や神社の境内にはアセビが多いが、これは鹿が食べないのでよく育つかららしい。有毒植物ではあるが、その葉の煎汁を害虫駆除に用いたこともあるようだ。

アセビは俗にアセボと呼ばれるが、これはビがボに訛ったものだ。また、長崎辺りではシシクワズとも云われる。シシ、即ち鹿が食べないことからきている。

山などで野生のものを見ると林側などの半陰地に野生していることが多く、陽地よりも半陰地や陰地を好むようで、庭植えにする時も、かなり日当りの悪い処でもよく育ち花をつける。狭い庭や裏庭むきの花木で、ムード的には茶室の庭など和風の庭には欠かせない花木と云える。鉢植えや盆栽としてもよく用いられる。

東京の水源池の一つの狭山湖周辺は、森林が続き自然の姿がよく残っていて、いろいろな植物が野生する。この中にアセビも野生していて、以前地元に住む人が淡紅色花をつける株をみつけ、これを殖やして持っていた。当時この淡紅色花のものはアセビの赤花種としてたいへん珍しがられて、なかなか手に入らなかった。私はその苗木を分けてもらい鉢植えにして大切にしていたが、ある時、知り合いの園芸の大家のO氏が訪ねてこられ、丁度咲いていたこの淡紅色のアセビをみつけ是非分けてほしいとねだられてしまった。大切にしていたこのアセビ、私に分けてくれた人は亡くなり再び入手できるとは思えない。さて、どうしようかと悩んだが、懇願に負けて遂に手放したことがある。今では淡紅色のアセビは珍しくもないが、かつてはかなりの貴重種であったようだ。

やつで

Fatsia japonica

植物の中には、どういうわけか忌み嫌われるものが時々ある。墓地に咲くからと嫌がられるヒガンバナはその代表種だが、忌み嫌われるというよりも、馬鹿にされるのがヤツデとアオキだろう。昔からこの二種は家屋の北側の手水場の汲み取り口際によく植えられているところから「便所の木」というイメージがあって喜ばれないようだ。両種とも日陰を好む木で、よく茂り、常緑であるため汲み取り口の目かくしに最適なため植えるようになったものだろう。

しかし、この二種とも、処変わればなんとやらで、欧米では人気の観葉樹とされ、どこでもこの鉢植えが売られているし、むこうでは、目下流行りのジャパニーズ・ガーデンには必ず植えられている。日陰の木で、寒さにも強いのを利して、プランター植えにして北側の窓辺の飾りとしているのをよく見掛ける。

さて、便所の木にされてしまったヤツデ、わが国特産の常緑低木で、福島県以西の温暖な海岸地帯の山間に野生していたものである。艶のある濃緑色の八つ手状の、深い切れ込みのある大きな葉を茂らせ、その特異な葉形が面白く古くから庭植えにされてきた。観葉樹として扱われているが、十一～十二月に茎頂に枝分かれして白い小花を球状に数多く綴る姿は、冬の花木としてもけっこう楽しめる。

花後、黒熟する小球果をならせるが、結実する為には花粉の媒介昆虫が必要で、この媒

和名　ヤツデ
科名　ウコギ科
学名　Fatsia japonica

介昆虫が実は蠅であることが多い。蠅というと不潔な虫として嫌がられるが、花粉の媒介をしていることがよくある。アフリカの砂漠地帯に生える多肉植物のスタペリアは、その花から腐臭を発して花粉媒介のため蠅をおびき寄せるし、世界最大級の花を咲かせる東南アジアの珍花ラフレシアも同じである。赤い実をならせるナンテンも、大木になり、ナンテンに似た紅熟する実を房なりさせるイイギリ（ナンテンギリ）も花時には蠅が群がっていて、蠅が媒介昆虫であることがわかる。

便所の汲み取り口際に植えられるために馬鹿にされてしまうが、蠅にとっては、実にうまい処に植えてくれたものと喜んでいるに違いない。なにしろ汲み取り口は蠅の発生源のような場所で、眼の前に蜜源のヤツデの花が咲くのだから……。そしてヤツデは無数に群がる蠅によって結実し子孫を残せるのだから、汲み取り口に植えられたことをこれまた喜んでいるに違いない。人とヤツデと蠅の連携プレーみたいなものだ。

†「便所の木」なんて呼ばないで

ヤツデにはアオキほど多くの園芸品種はないが、白斑入りのフクリンヤツデやシロブチヤツデ、黄色紋のあるキモンヤツデ、網目模様入りのものや、縮み葉となるもの、切れ込みが深く矢車状の葉形となるヤグルマヤツデという品種もある。また、フランスで改良されたファトスヘデラというのがあるが、これはヤツデと西洋ツタの一種との交配によって生れたものである。これは珍しい属間雑種で、わが国でも観葉植物として市販されている。

欧米では便所の木というイメージがないので、純粋にその造形的な葉形の面白さを認めて、一級の観葉樹として人気を得たわけだが、わが国でもその悪いイメージを捨てて、アオキとともにもっと観葉樹としていろいろな使い方をして活用してほしいものである。どちらもわが国特産の植物である。その本来の美しさを素直に認めてやってほしい。

ヤツデは日本原産で、極めて丈夫なため手がかからずによく育つが、元々日陰を好む木のため、日向に植えると葉が黄ばんで見苦しくなる。日陰地に植えてこそ葉の美しさが冴えてくる。

梅雨時に挿し木をするとよくつき、発根したところで鉢植えにして楽しんでもよいし、欧米流にプランター植えにして北側の窓辺の飾りにしても面白い。これという病害虫も少なく、その点も有難い。一般には無地葉のものが植えられるが、白の斑入り葉種は、濃緑の地色に白斑が映えて美しく、日陰の庭などに植えておくと、この白斑が一段と映えてたいへん美しく眼をひく。

つわぶき

Farfugium japonicum

晩秋から初冬へかけて戸外で咲く花は非常に少なくなるが、この時期に花、葉ともに楽しませてくれるのがツワブキであろう。

フキに似た大きい葉をひろげ、艶のある濃緑色の常緑葉を茂らせ、秋遅くから初冬へかけて鮮黄色の小菊状の花を咲かせ、花の少ない時期に一際目立って庭を飾ってくれる。

フキの葉に似て艶のある葉を茂らせるところからツヤブキがつまってツワブキになったと云われる。わが国の山地に野生するメタカラコウやオタカラコウ、或いはマルバダケブキと同じ仲間で、いわゆるフキの仲間ではない。わが国の暖地海岸地帯に分布していて特に九州に多い。関東でも内房の海岸線に多く、岩場に咲く姿が内房線の車窓からも見られる。

古くから庭園用宿根草として植えられてきたが、白斑入り、黄斑、砂子斑など、種々の斑入り葉もあり、古典観葉植物としても扱われている。観葉的品種が幾つもあるが、花の変化は少なく、ほとんどが黄花一重咲きであるため、観葉植物的に扱われることが多い。

一方、鹿児島県や宮崎県など、九州では、その葉柄がキャラ蕗《ぶき》として食用にされ、それを目的に栽培もされている。ツワブキの仲間は数種あり、主に九州から沖縄へかけて野生している。カンツワブキはツワブキよりやや遅く初冬から冬へかけて咲き、九州南部の屋久島や種子島の産で葉縁に細かい切れ込みがあり、葉面に金属光沢があるのが特徴。沖縄

和名　ツワブキ
科名　キク科
学名　*Farfugium japonicum*

の国頭《くにがみ》特産のクニガミツワブキは葉縁のほか、花びらの先にも切れ込みがある。どちらかというとカンツワブキに似るが、ツワブキの一変種と云われている。

園芸品種は、前述のいろいろな斑入り葉種のほか、縮み葉のものや、皺のあるもの、切れ込みのあるものなど葉形の変わったものもあり古典園芸植物として珍重されている。

その葉柄はキャラ蕗として食用にされるほか、葉を焙《あぶ》ったものは火傷や腫物、痔などの際に貼ると効果があると云われるし、葉柄は魚の食中毒の時の解毒や下痢止めとするなど、薬草としても利用されるジャパニーズ・ハーブの一つだ。観てよし、食べてよし、薬にもなるという三拍子揃った役立つ植物と云える。

暖地の植物であるが、かなり寒さにも強く、日向よりも半陰地を好むので、近頃のように日当りが悪い小庭などには最適の宿根草花と云える。花時は晩秋から初冬となるが、艶のある大きな葉も美しいので、花時以外にも葉を楽しめる利点がある。加えて、和風の庭にはもちろん、洋風の庭にもよく合って和洋どちらの庭にも使えるのもメリットだろう。

性質は強く、比較的病虫害も少なく、半陰地や日陰を選んで植えれば、あまり手をかけなくてもよく育ってくれるので有難い。ただし、あまり日陰であると花付きが悪くなるので、花を望む時には半日陰ぐらいがよく、斑入り葉種だけは日陰でないと葉が傷みやすい。

葉、花ともに観られるし、育てやすいし、もっと楽しまれてよい草花である。

エピローグ

四季を味わう悦び

†一年の花見

元旦を迎える。厳しい寒さだが、戸外へ出るとピリッとした空気が清々しい。これも元旦ならではであろう。郵便受けの新聞を取りに行くと、側に植えられている満月ロウバイが素晴らしい香りで迎えてくれる。長兄と暮らしていた亡き母が、生前、正月の集まりに私が切り枝にして持って行くこのロウバイを、ことのほか喜んでくれた。ロウバイが咲くと亡き母を想い出す。

私が世話になっているお寺の境内にはいろいろな花木がある。私が植えたものもかなり多く季節季節に次々と花を咲かせ寺参りの人達の眼を楽しませている。

ロウバイが終り二月へ入ると白梅、紅梅が花盛りとなるが、鐘楼の一角に植えた台湾緋寒桜が咲き出し、丁度彼岸の頃に満開となる。

その赤い色と垂れ咲く姿が珍しいらしく、よくこれ何ですか、と聞かれる。この台湾緋寒桜が咲き出すと、隣に植わっているサンシュユ（ハルコガネバナ）の黄色く細かい花が、枯れ木に花を咲かせたように枝いっぱいに咲く。正に黄金の木で、ハルコガネバナの名に相応しい。一般にはサンシュユと呼ばれるが、私はハルコガネバナの名の方に軍配を挙げたい。これが盛りになるとその近くに、以前から植えられていたハクモクレンの大木が白い花を咲かせる。早くから膨らむ大きな蕾は面白いことに先が北を向いていることが多い。太く長目の蕾は、陽を受ける南側が温められて、そちら側の組織が生長し、日陰になる北側は生長が遅く、アンバランスになるために蕾の先が北を向くらしい。地方によっては磁石花とも云われる。

台湾緋寒桜の赤とハルコガネバナの黄、それにハクモクレンの白、この三点セットが寺の春を告げる花で、近頃は写真を撮りに来る人が増えてきた。

三月から四月へかけては、レンギョウ、ユキヤナギ、ツバキと百花繚乱となる。サクラも台湾緋寒桜に始まって、ヒカンザクラ、ソメイヨシノと続き、最後はシダレザクラと八重桜で終り、四月いっぱいサクラの花が次々と楽しめる。

これら花木のほか、四月にはシバザクラのカーペットが敷きつめられ、スズランの集落が白いかわいい花を咲かせるし、イチハツの紫色の花が灯籠の周囲を飾る。四月から五月へかけてはクルメツツジ、キリシマツツジ、ヒラドツツジとツツジ類が次々と咲き、最後はサツキの花で終る。これと入れ替わるように咲き出すのが梅雨時のアジサイである。これは、以前から即売会などで売れ残ったアジサイを、あちこちへ植えておいたものがいつのまにか大きく育ったものだ。真夏を迎えると、本堂前のサルスベリの古木が旧盆の頃から咲き出す。この古木、九〇歳にもなる檀家の古老が、子供の頃に登って遊んだそうだから、少なくとも百年以上は経っているだろう。旧盆が終ると参道際にツルボがやたらと生えてくる場所がある。このユリ科の球根植物は、雑草扱いにされているもので、裏の墓地に多く生えていたものだが、何年前からか参道脇にも生えてくるようになった。葉が出る前に花茎を立て、藤桃色の小さな花を穂状に咲かせ、なかなか風情がある。雑草として抜いてしまうには惜しいのでそのままにしておいたら、最近は、群生して花を咲かせるようになった。

九月に入るといよいよ秋到来である。農家と小駐車場の境に植えた白萩が咲き出し、秋の彼岸には満開となる。それに併せてヒガンバナが咲き出す。これは数年前に植えたものが年々増えて年毎に花立ちが増えている。彼岸近くになると、今年はどれくらい咲いてくれるかと楽しみだ。彼岸が終ると、暑い寒いも彼岸まで、というように急に涼しさが増し秋本番となる。その頃に咲き出すのがキンモクセイだ。裏の寺の墓地では、以前墓地を売り出した時に、墓に植える木もセットになっていて、これにキンモクセイが入っていた。そのためにかなり大きくなったキンモクセイが数多くあり、花時になるとあたり一面にその香りが漂う。

残念なことに、キンモクセイの花は彼岸が終ってから咲き出す。墓参りの人もあまり来なくなった時に咲き出し、何かもったいない気がする。これこそ早咲き種ができたらよいのだが……。

秋になると、咲く花木がぐんと少なくなる。キンモクセイが終ると、サザンカの花がその寂しさを救ってくれる。十月には早咲きサザンカの純系種が、十一月には近縁のカンツバキの血を受けた八重咲き種が盛りとなり、最後に赤いカンツバキが咲き出して、一年を締めくくる。

このカンツバキ翌早春まで咲き続け、冬の庭の紅一点というところだ。

こうして寺の境内の一年の花見が終る。木枯らしが吹き、落葉樹の葉がすっかり落ちると、冬木立ちの季節となる。葉が茂っている時は木姿がはっきりしないが、冬木立ちになると種類種類の木姿がよく解り、樹種を覚えるにはよい季節だし、そのシルエットが美しい。

†植物の物語、生命の物語

一方、樹木や草花が多いと、鳥や虫達がいろいろと集ってきてこれを観察するのも面白い。早春、ハクモクレンやツバキが咲き出すと、ヒヨドリが蜜を吸いに集ってくる。その際に、蕾や花を傷めるのはちょっと困るが、早春の食べ物の少ない時期には貴重なご馳走なのだからこちらも少々の被害は我慢しよう。梅に鶯と云うが、正にその通りで、毎年梅が咲き出すと忘れずに鶯がやってきて美声を聞かせてくれる。初夏の頃、山へ渡る途中のカッコウが、寺の森にしばし滞在をして、カッコウの声を響かせるし、ときにホトトギスの鳴き声を耳にすることもある。以前はフクロウ、コノハズク、サンコウチョウ、コゲラなどいろいろな野鳥がいたが、最近は見かける種類も少なくなった。が、まだまだかなりの種類の野鳥が寺の森にも訪れてくれる。近頃気づいたことだが蝶の種類が一頃より増えたように思う。一時は殆ど見掛けなくなったゴマダラチョウや、ヒョウモンチョウをちょいちょい見るようになった。これらは食草との関係が深い。ゴマダラチョウの食草であるエノキは開発で一時かなり少なくなってしまったが、近頃は自然の実生木が殖えてきたためか、再び姿を現わすようになったようだし、ヒョウモンチョウをしばしば見かけるようになったのは食草であるスミレ類が増えているからかもしれない。最近、ツマグロヒョウモンを見かけるようになったのは、パンジーが普及し、これを食草とするようになったからと云われる。

開発によって自然が失われてきたとは云うものの、東京近郊には注意してみるとまだまだ自然がかなり残り息づいている。この残された自然の息吹きをいつまでも温かく見守ってやりたいものだ。

人間だけが満足に生きられればよいと思うのは大間違いである。人間も木も草も、鳥や虫達もすべて生き物で、それぞれ必死になって生きているのだ。害虫や害鳥と云われるものも、雑草と云われる植物も、人間から見た害虫や害鳥であり、雑草なのであって、それらも生き物として生活する権利がある。彼らから見れば人間こそ最も恐ろしい害獣かもしれない。

自然との共存ということをよく云われるが、共存をしたければ、豊かな心をもって、生き物すべて皆兄弟という大らかな気持ちになることが必要ではないかと思う。

植物にもそれぞれの生いたち、物語がある。それらを知ればより一層、植物が身近なものになるだろう。

そのような意味でこの拙い一書が何かの役にたてばこれより嬉しいことはない。

最後にこの一書を企画し編集に携われた筑摩書房の永田士郎さんと、すばらしく味わい深いさし絵を描いて下さった相田あずみさんに心から感謝したい。

平成十八年二月

柳 宗民

挿画　相田あずみ

一九七七年生まれ。一九九九年、三原色と白で描く水彩画「キミ子方式」と出会い、絵を描く楽しさを知り現在に至る。

azumi@ay.catv.ne.jp

アートディレクション　川合京子

一九八九年「キミ子方式」普及の拠点であるキミコ・プラン・ドゥの創立に参加。以来、同教室の専任講師を務める。
http://www.kimiko-method.com/

ちくま新書
584

日本《にほん》の花《はな》

二〇〇六年三月一〇日　第一刷発行
二〇〇六年六月　五　日　第五刷発行

著　者　柳　宗民（やなぎ・むねたみ）

発行者　菊池明郎

発行所　株式会社　筑摩書房
東京都台東区蔵前二-五-三　郵便番号一一一-八七五五
振替〇〇一六〇-八-四一二三

装幀者　間村俊一

印刷・製本　三松堂印刷　株式会社

乱丁・落丁本の場合は、左記宛に御送付下さい。
送料小社負担でお取り替えいたします。
ご注文・お問い合わせも左記へお願いいたします。
〒三三一-八五〇七　さいたま市北区櫛引町二-六〇四
筑摩書房サービスセンター
電話〇四八-六五一-〇〇五三

ISBN4-480-06288-2 C0261

ちくま新書

390 グレートジャーニー〈カラー新書〉
――地球を這う① 南米～アラスカ篇
関野吉晴
アフリカに起源し南米に至る人類拡散五〇〇万年の経路を逆ルートで、自らの脚力と腕力だけで辿った探険家の壮大な旅を、カラー写真一二〇点と文章で再現する。

568 グレートジャーニー〈カラー新書〉
――地球を這う② ユーラシア～アフリカ篇
関野吉晴
人類拡散五〇〇万年の足跡を逆ルートで辿る、足掛け一〇年に及ぶ壮大な旅の記録。ユーラシア大陸を横断し、いよいよ誕生の地アフリカへ！ カラー写真一三〇点。

423 化石を掘る〈カラー新書〉
大八木和久
化石は過去と現在を架橋する――本書では、初心者の素朴な疑問に丁寧に答えつつ、圧倒的情報量で、より奥深い化石の愉楽へと読者を誘う。カラーを含む図版一三〇点。

483 昆虫の世界へようこそ〈カラー新書〉
海野和男
昆虫の視点で撮影した大迫力のカラー写真を豊富に盛り込み、身近な昆虫たちの知られざる生態と知恵を解き明かす。めくるめく昆虫ワールドをご堪能あれ！

085 日本人はなぜ無宗教なのか
阿満利麿
日本人には神仏とともに生きた長い伝統がある。それなのになぜ現代人は無宗教を標榜し、特定宗派を怖れるのだろうか？ あらためて宗教の意味を問いなおす。

525 ＤＮＡから見た日本人
斎藤成也
急速に発展する分子人類学研究が描く、不思議で意外なＤＮＡの遺伝子系図。東アジアのふきだまりに位置する〝日本列島人〟の歴史を、過去から未来まで展望する。

569 無思想の発見
養老孟司
日本人はなぜ無思想なのか。それはつまり、「ゼロ」のようなものではないか。「無思想の思想」を手がかりに、日本が抱える諸問題を論じ、閉塞した現代に風穴を開ける。